音声DL版（ダウンロード）

国際学会のための科学英語絶対リスニング

ライブ英語と基本フレーズで
英語耳をつくる！

監修
山本　雅

著
田中顕生

著・英文監修
Robert F.Whittier

■本書について
本書は，2005年10月に発行された第1版の付録CD-ROMを音声ダウンロード式に変更し，新装版としたものです．本書に記載されている内容は2005年10月時点の情報に基づいております．

監修者 序

大学院生をはじめとして若手研究者が，海外の学会で口頭発表する機会が増えている．さらにいくつかの国内学会では英語での発表を奨励している．また，国内で国際シンポジウムが開催される頻度が高まり，自分で発表するのでなくても，英語での講演を理解する力が必要となっている．英語を国際共通言語とする生命科学の分野において，英語でのコミュニケーションの重要性は言うまでもない．

英語で論文を書くときの論旨の展開の仕方については，誰もがそれなりに勉強している．特別に才能のある人を除いて，英語を母国語としない日本人が英語でのコミュニケーションを苦も無くできるようになるのは難しい．凡人というと誤解が生ずるかもしれないが，いわゆる多くの人々にとって，この課題を克服するコツは「慣れ」である．英語に慣れる．その1つの方法は英語の本をよく読むことであろう．専門書だけでなく小説は大変役に立つ．Vocabularyがなくてはどうしようもないので，できるだけ多くの小説を読んでいることが望ましい．もちろん作家になるのではないから読み漁るにも限度はある．できれば効率よく論文発表や学会発表の「コツ」を会得したいものである．英語論文に慣れ親しむことが国際誌に投稿する上でもっとも必要なことである．ずいぶん前になるがはじめから大変上手に論文を書いてきた学生がいた．彼にコツを聞いてみると「様々な一流紙に書かれている表現法を基にして論文を作った．決して我流の文章は入っていない」ということであった．確かに大変読みやすく，したがって理解しやすい書きっぷりであった．たくさん論文を読んでいないとできないことである．

しかしながら，英語論文を書けたからといって，その内容を英語で発表できるかというと，また別の努力が要る．口頭発表については，普段からできるだけ多く英語で会話する機会をもつことであろう．国内に居ては現実的ではない．したがって学会に行く直前にまる覚えするのもやむを得ない方策であるが，それだけでは質疑応答でたちどころに詰まってしまう．質疑での立ち往生はプロの世界では許されない．やはり日頃から慣れておくことが重要である．そうは言ってもむやみやたらと国際シンポジウムに出入りしたり，また実験を差し置いて英会話教室に入り浸るわけにはいかない．

本書は，英語での発表のための「慣れ」と「コツ」を効率よく会得することを目的として企画された．もともと本書は付録としてCDがついていたが、デジタルオーディオプレーヤーなどの普及に伴いCDを聞ける環境にない読者が増えてきたことから，この度，音声ダウンロード版として新しく出版する運びとなった．手持ちの端末で，より気軽に音声を聞くことができるようになったかと思う．

実験の合間や通学・通勤の間のちょっとした時間を使って繰り返し聞くのも良いし，あるいは1回聞くことでポイントをつかむのも良いであろう．講演例を音声で聞くことで，また注釈や説明を読むことで，これまでに気づかなかった視点や考え方を汲み取っていただければ幸いである．本書を通じて国際学会での発表とリスニングがより容易なものとなるものと大いに期待している．

2016年盛夏

恩納村にて

山本　雅

はじめに

本書は，生物系の大学院生以上の方を対象としています．理由は，英語で発表が行われる学会等に出席するのはこのレベルの研究者だからです．

本書には，５人の研究者の学会でのプレゼンテーションが収録されています．そして，対応するトランスクリプト（英文）が載せてあります．ご覧になればわかりますが，使用している英文そのものはそれほど高度ではなく，単純です．文学と異なり，サイエンスは，明瞭さ―Clarity―を基本姿勢としているからです．これに加えて，生物系のサイエンスは，図・表の形でデータが提示されます．サイエンスのトレーニングを積んだ人たちは，同じ分野（あるいは近傍分野）の仕事の場合，発表者の話を聞かなくても（あるいは該当論文を読まなくても），図・表を見るだけで相当正確に結論を導き出すことが可能です．すなわち，英語といえども恐れる必要はないのです．ただし，新しい概念が提示された場合は，英語力が重要となります．また，第三の言語とも言える専門用語の概念をきっちりと理解していることは必須です．

英語が母国語でないということは，圧倒的に不利であり，大きなハンディキャップです．しかし，TOEICやTOEFLの結果から判断すると，他の非英語圏の国々と比べた場合，日本人の英語力は大分落ちるようです．理由は，英語のトークや文章を理解する際に，日本語が介在しすぎているためだと思われます．英文和訳という手法は，非常にパワフルで便利なテクニックです．しかし，理解するプロセスを考えてみると，英文を日本語に変換した後，すなわち和訳を読んだ後に理解に達しているということになります．英語を読んだ瞬間に理解しているわけではないのです．したがって，ここでは日本文を理解しているのであって，“英語”を理解しているのではないことがわかります．英語力をつけるには，日本語の仲介を排除することが必須です．これには，会話から入るのがベストだと思います．ある程度会話ができるようになると，自然に日本語の介在を必要としなくなります．この後は，例えば英文の場合は，精読と乱読，リスニングの場合も類似の試みを行います（精読に相当するリスニングは，例えば本書に収録されているプレゼンテーションを聴き，点検・解析していくことが対応しているといえます）．あとは時間をかければかけるほど英語力がつくことになります．

英語習得の目標をどこに置くかは，人によりますが，専門関係のコミュニケーションのみを目標とするのは惜しい気がします．もう少し頑張れば，さらに大きく進歩するはずです．“曲がりなりにもバイリンガル”を長期の目標にしてはいかがでしょうか．英語圏の文化は，注目に値します．また，それは英語ができることでより一層楽しめるものなのです．

本書のStep1では，間違った発音をしがちな専門用語をリストアップし，これらをアミノ酸やアルファベットの読み方に基づいて分類しています．

次のStep2では，学会やシンポジウムで使う一連のフレーズを紹介しています．進行過程は日本の学会でも海外の学会でも基本的には同じです．ここでは**発表者編**と**司会者編**というそれぞれの立場で用いる典型的な言い回しを紹介しています．これらの言い回しをマスターし，自分なりにアレンジすることで，表現の幅がもっと広がることでしょう．

次のStep3から，本書のメインテーマである学会発表のリスニングを実践します．５つのプレゼンテーションからなります．それぞれ話し手が異なるため，さまざまな発音の英語に触れることができます．Step3の２つは，過去に国際学会などで実際に用いられたスライドや原稿を元に編集部で再構成したものです．この部分はナレーターによるわかりやすい音読がCDに収録されています．原稿やデータを提供していただいた吉田 富博士（コロンビア大学）および佐伯和弘博士（近畿大学）に感謝します．

Step4で掲載されている3つの講演は，実際のプレゼンテーションを録音してCDに収録しています．Jane Koehler博士〔カリフォルニア大学（San Francisco）USA〕，Jo Schmerr博士（アイオワ大学，USA），Aaron Ciechanover博士（テクニオン-イスラエル工科大学，Israel）のプレゼンテーションです．いずれも実際の講演時間が長いため，本書ではその中の一部を抜粋して掲載しています．本書使用のためにご快諾をいただきかつトランスクリプトのプルーフ・リーディングをしていただいた各博士に感謝します．Koehler博士，Schmerr博士の講演収録に編集部がうかがいました際には，東京大学医科学研究所の関係者の方々にご協力をいただきました．また，2004年度のノーベル化学賞受賞者であるCiechanover博士には，来日時の貴重なお時間を編集等に割いていただきました．Ciechanover博士の講演収録の際には，東京都臨床医学総合研究所の田中啓二博士にご協力をいただきました．また，制作にあたり，大阪市立大学の岩井一宏博士には多くのお力添えをいただきました．心より御礼申し上げます．

本書のリスニング企画は，羊土社編集部のアイデアであり，通常の著書の場合とは異なり，出版に至るまでにたくさんの人達が関与しています．そして実際のdriving forceは，羊土社編集部の渡辺 愛氏にあります．彼女の熱意と行動力，そして絶えまぬ努力がなければ本書は形にならなかったことでしょう．校正時にも多くの助言をいただきました．この場を借りてお礼申し上げます．

最後に，本書が将来国際的に活躍する読者の方々のお役に立てば幸いです．

2005年8月

田中顕生

音声DL版
国際学会のための科学英語絶対リスニング

Contents

Step2 発表で役立つフレーズ集 33

Step1～Step3
ナレーター Robert F. Whittier，Amy Lai
録音スタジオ エレシスUDM

本書の構成と使い方

本書は4つの Step で音声を利用したリスニングの練習ができる構成となっています.

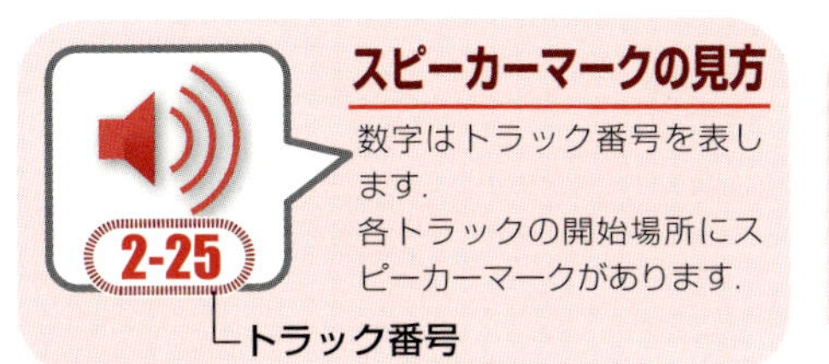

スピーカーマークの見方

数字はトラック番号を表します.
各トラックの開始場所にスピーカーマークがあります.

トラック番号

理解度をチェック！ 毎回どのくらい聞き取れたかを「達成度」のチェックボックスに記入しましょう

達成度

□★ …トランスクリプトを見ながら聞き取ることができた（達成度20%）
□★★ …図や注を見ながら内容を理解できた（達成度50%）
□★★★…トランスクリプトを見ずに音声を理解できた（達成度100%）

Step 1 おさえておきたい基本単語・イディオム

学会発表や論文でよく出会う基本単語を抜粋.

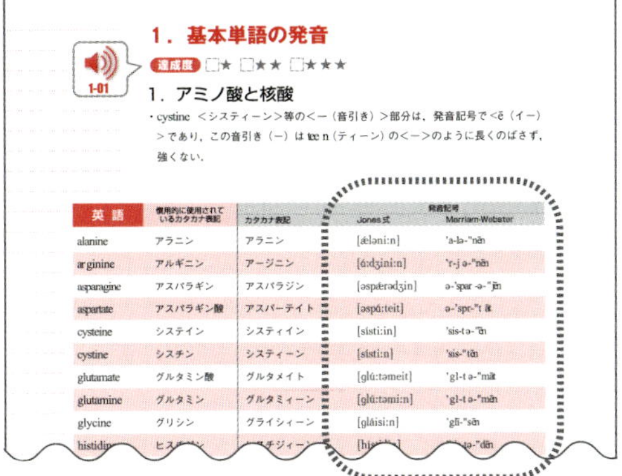

Jones式とMerriam-Websterの2種類の発音記号が併記されています
※Merriam-Websterの説明は13頁を参照.

Step 2 発表で役立つフレーズ集

学会発表の場面ごとに使用頻度の高いフレーズを紹介.
自分でも口ずさんで練習しましょう.

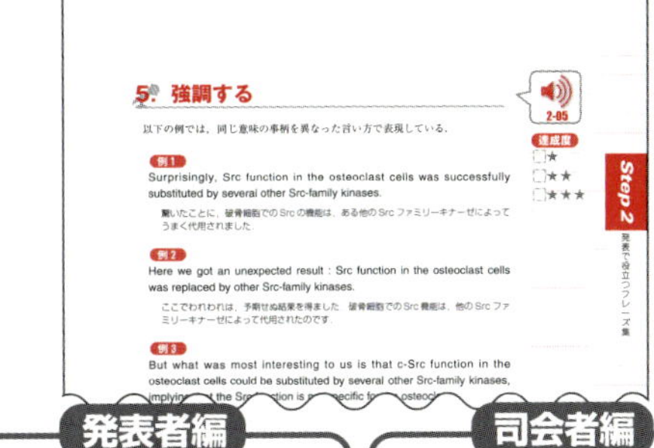

発表者編

はじめの挨拶，イントロダクションから実験結果,結論，共同研究者の紹介など一連の場面ごとに便利なフレーズを紹介

司会者編

セッションの進行でのチェアパーソンのフレーズを紹介

Step 3 学会での発表例

一連の研究発表を通して聞く練習をします.
スライドだけを見て音声が理解できるまで繰り返し聞いてみましょう.

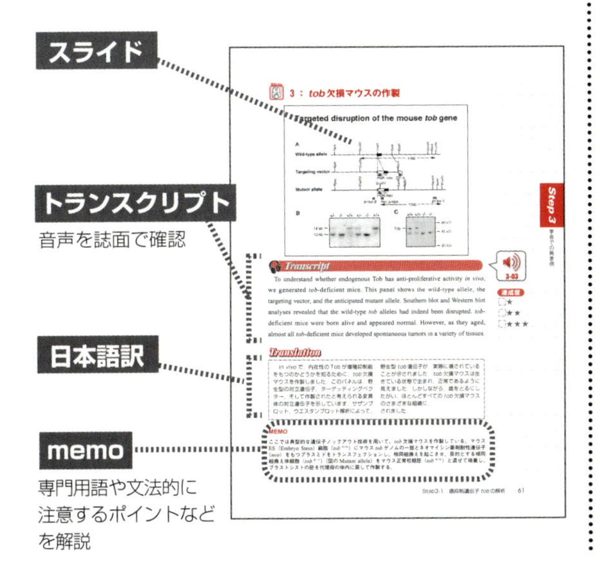

Step 4 ライブ講演にトライ！

生の講演が収録されています.
わかりにくいときは**memo**やトランスクリプトを見ながら聞いてみましょう.

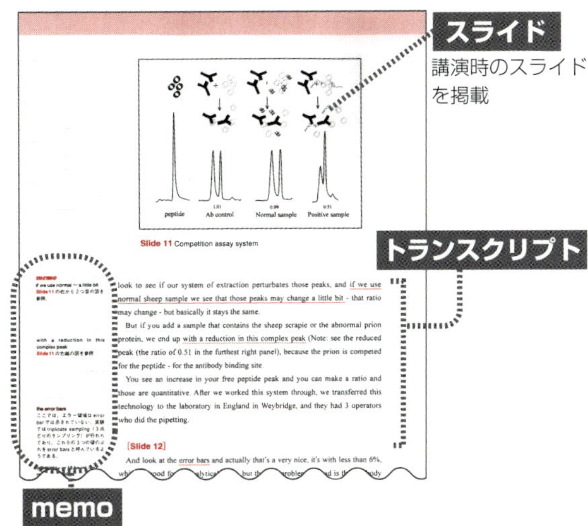

memo

ポイントとなる発表内容や専門用語・人物名を解説

音声ダウンロードのご案内

羊土社ホームページから音声をダウンロードして聞くことができます．
音声と誌面をあわせて活用し，なるべく多くの英語を聞くことが上達への近道です．

さまざまなリスニングトレーニング

●トランスクリプトを見ながら聞く（Listening & Reading）
誌面を見ずに何度か聞いてからトランスクリプトを確認する，先にトランスクリプトに目を通してから音声を聞く，トランスクリプトを見ながら聞く，などの方法があります．

●音読する（Listening & Reading Aloud）
音声を繰り返し聞き，自分でも声に出して発音することで，発音やイントネーションを確認します．誌面を見ながら音読する方法，誌面を見ずに音声に続いて音読する方法があります．

●書き取る（Listening & Dictation）
トランスクリプトを見ずに音声を聞き，適当な長さで止めて書き取る練習をする．

●聞き流す
音声を流し続けて，耳にすることで，理解した英語の発音やイントネーション，フレーズなどを定着させます．通勤・通学の時間などを利用するのもおすすめです．

・音声データはMP3形式です．MP3形式に対応した標準的なパソコン/オーディオプレーヤーで再生可能です
・ご利用方法など詳細は下記の特典ページをご覧ください

※音声データの提供は本書をご購入いただいた個人の方のみが対象です．大学や企業等の団体ではご利用いただけません．

※ダウンロードした音声データは，個人のトレーニングの目的でのみ利用を認めます．第三者への配布や放送など，上述のトレーニングの範囲を超えた利用は，著作者及び出版社の権利の侵害となりますのでご注意ください．

Step 1

おさえておきたい
基本単語・イディオム

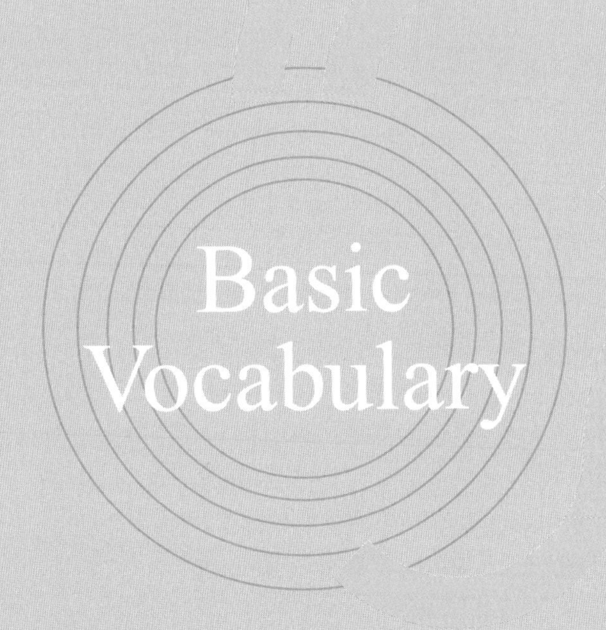

Step 1

おさえておきたい 基本単語・イディオム

はじめに

世界共通語としての専門用語は，英語式表記であり，英語式発音である．しかしEnglish-nativeの人達にとっても，専門用語の発音（そして概念の理解）はしばしば困惑するもののようである．英語の場合，単語の発音は，① 意味に対応したその美しさ，あるいは力強さ，等を意味する音の響き，② コミュニケーションのしやすさという観点からの，音の明瞭さ，そして発音のしやすさ（大きな声で発音できるか否か），等を基準として，進化してきたものと思われる．この意味で，King James版の聖書は，現在でもアングロ・サクソンの人たちにとっては，誇るべき達成点とされている．ラテン系の文化の台頭により，膨大な数の単語が英語に導入され，消化吸収された．しかし20世紀以降のサイエンスの急速な進歩にともない，膨大な数の専門用語が出現し，専門分野が少しずれると発音の仕方に窮するという状況がみられる．③ 発音に窮した場合，概して，母音a，i，u，e，oをアルファベットそのままの発音で済ませている傾向がみられる．例えば，aはA（エイ），iはI（アイ），eはE（イー）等々．したがって，発音しにくい単語がある場合，これらを考慮に入れて発音すると正しい場合が多い．

なお，本来，正しい発音というものは存在しない．たまたま，あるポピュレーションで多くの人達が使用している発音を「正しい」としているだけである．この意味では，プレゼンテーション等で，「正しくない」発音をしたからといって，オタオタする必要は少しもない．聞き手には，多くの場合その意味がわかるからである．ただ，あまりにもたくさんの「正しくない」発音が続くと，理解度が落ち，話の内容把握が困難になり，十分なコミュニケーションが成立しにくくなる．また，逆に，「正しい」発音を知らない場合にも同様のことが起こる．このような意味で，より一般的な「共通発音」を知っておくことが望ましい．

日本人の場合，ドイツ語の発音の影響，そしてローマ字読みの影響のため，いわゆる「正しい発音」から大きくずれている場合がしばしばある．本稿ではこれらに該当するアミノ酸，核酸の用語，そして細胞，試薬や実験に関連する間違いやすい用語の「共通発音」を記す．

アミノ酸や核酸に関する基本単語は数が限られているため，網羅的に記述することは難しいことではない．一方，一般の実験に関連した単語の場合，間違いやすい発音に該当する単語を網羅的あるいはシステマティックに記述することは不可能である．このため，ここでは経験的に得た該当単語をグループ分けをして，記述した．例えば，カゼイン casein はケイシンと発音し，アルファベットの a はアではなく，エイの発音となる．このようなタイプの単語を 1 つのグループとした．似たような発音の違いが，アルファベットの e でも見受けられる．エーテル ether の e はエーではなくイーと発音し，英語発音ではイーサーの発音となる．同様の発音の違いが，I，U，Y 等でも見受けられ，これらに関しても記した．残念ながら，発音の違いに関する大原則というものは存在しないため，経験により修正していかなくてはならない．

Step1 の後半部では，英語のプレゼンテーションなどでよく使用されているが，意外に知らないことも多い実験関連用語（単語，熟語，表現法）を記載した．

注）「1．基本単語の発音」で 1 つの単語についてに複数の読み方が並記されているものは，より一般的と思われるものから順に記してあります．

Merriam-Webster の発音記号

本稿では通常よく使う Jones 式の発音記号とともに，Merriam-Webster の発音記号を併記した．この発音記号は，Web Online で使用されているものであり（カレッジ版 Collegiate Webster そして Unabridged Webster とは若干異なっている），驚くべき発音記号表記を行っている．ā，ē，ī，ō の発音記号は，それぞれのアルファベットの発音を意味しており，日本人や他の外国人の間違いやすい発音箇所をくっきりと浮き彫りにしてくれるという利点がある．はじめは取っつきにくいが，少し慣れると大変わかりやすいのでぜひ使ってみていただきたい．

＜Merriam-Webster の発音記号のルール＞

- 各単語の発音記号の特に注意すべきところが強調されて記してあり，ā（エイ），ē（イー），ī（アイ），ō（オウ）等はそれに相当する．
- ＜ˈ ＞は最も強いアクセントを，＜ˌ ＞は次に強いアクセントを表す．
- ハイフン＜-＞は音の切れ目（シラブル）を表す．

詳細を知りたい方は，Merriam-Webster のホームページ（www.merriam-webster.com/help）を参照していただきたい．なお，単語のスペルとカタカナ表記を見たのちに，発音記号を見ると把握しやすいと思われる．

1．基本単語の発音

1-01

達成度 □★ □★★ □★★★

1．アミノ酸と核酸

・cystine <システィーン>等の<ー（音引き）>部分は，発音記号で<ē（イー）>であり，この音引き（ー）は teen（ティーン）の<ー>のように長くのばさず，強くない．

英 語	慣用的に使用されているカタカナ表記	発音記号		
		カタカナ表記	Jones 式	Merriam-Webster
alanine	アラニン	アラニン	[ǽləniːn]	'a-lə-ˌnēn
arginine	アルギニン	アージニン	[ɑ́ːdʒiniːn]	'är-jə-ˌnēn
asparagine	アスパラギン	アスパラジン	[əspǽrədʒin]	ə-'spar-ə-ˌjēn
aspartate	アスパラギン酸	アスパーテイト	[əspɑ́ːteit]	ə-'spär-ˌtāt
cysteine	システイン	システィイン	[sístiːin]	'sis-tə-ˌēn
cystine	シスチン	システィーン	[sístiːn]	'sis-ˌtēn
glutamate	グルタミン酸	グルタメイト	[glúːtəmeit]	'glü-tə-ˌmāt
glutamine	グルタミン	グルタミィーン	[glúːtəmiːn]	'glü-tə-ˌmēn
glycine	グリシン	グライシィーン	[gláisiːn]	'glī-ˌsēn
histidine	ヒスチジン	ヒスチジィーン	[hístidin]	'his-tə-ˌdēn
isoleucine	イソロイシン	アイォソルーシーン	[aisoul(j)úːsin]	ˌī-sō-'lü-ˌsēn
leucine	ロイシン	ルーシーン	[lúːsiːn]	'lü-ˌsēn
lysine	リジン	ライシーン	[láisiːn]	'lī-ˌsēn
methionine	メチオニン	メサイオニーン	[miθáiəniːn]	mə-'thī-ə-ˌnēn
phenylalanine	フェニルアラニン	フェニルアラニーン フィーニルアラニーン	[fenilǽləniːn] [fiːnilǽləniːn]	ˌfe-nəl-'a-lə-ˌnēn ˌfē-nəl-'a-lə-ˌnēn
proline	プロリン	プロォリーン	[próuliːn]	'prō-ˌlēn
serine	セリン	セリーン	[sériːn]	'ser-ˌēn
threonine	トレオニン/スレオニン	スリィオニーン	[θríːəniːn]	'thrē-ə-ˌnēn
tryptophan	トリプトファン	トリプトファン	[tríptəfæn]	'trip-tə-ˌfan
tryptophane	トリプトファン	トリプトフェィン	[tríptəfein]	'trip-tə-ˌfān
tyrosine	チロシン	タイロシーン	[táirəsin]	'tī-rə-ˌsēn
valine	バリン	バリーン ベィリーン	[vǽlin] [véiliːn]	'va-ˌlēn 'vā-ˌlēn

cytidine	シチジン	サイティディーン シティディーン	[sáitidi:n] [sítidi:n]	'sī-tə-ˌdēn 'si-tə-ˌdēn
cytosine	シトシン	サイトシーン	[sáitəsi:n]	'sī-tə-ˌsēn
nucleoside	ヌクレオシド	ヌクリオサイド ニュクリオサイド	[nú:kliəsaid] [njú:kliəsaid]	'nü-klē-ə-ˌsīd 'nyü-klē-ə-ˌsīd
nucleotide	ヌクレオチッド	ヌクリオタイド ヌュクリオタイド	[nú:kliətaid] [njú:kliətaid]	'nü-klē-ə-ˌtīd 'nyü-klē-ə-ˌtīd
thymidine	チミジン	サイミディーン	[θáimidi:n]	'thī-mə-ˌdēn
thymine	チミン	サイミーン	[θáimi:n]	'thī-ˌmēn
purine	プリン	ピュリーン	[pjúəri:n]	'pyur-ˌēn
uracil	ウラシル	ユラシル	[júərəsil]	'yur-ə-ˌsil
uridine	ウリジン	ユリジーン	[jú:ridi:n]	'yur-ə-ˌdēn

Column

聞かせる

もう20年ほど前のこと，MITのWhitehead Instituteでセミナーをした．まだ40歳になる前で“生意気さ”と“怖いもの知らず”を兼ね備えていたと思う．Bob Weinbergに司会をしてもらってFynチロシンキナーゼの話をした．セミナーそのものは今から思うと可もなく不可もなくであったが，直前に昼食をとりながら，同席したWeinbergラボの研究員からもらった強烈な一言をよく覚えている．正確に彼がどのような単語を使って言ったかは覚えていないが，内容は以下のようであった．

“Many Japanese scientists produce excellent pieces of work, but all the same I just lose my concentration during their talks. Do you know why? It's because I can't understand their pronunciation, and their train of logic is often unclear to me. This has nothing to do with the quality of their science, but I just can't maintain my concentration.”

これからセミナーをするという日本人の私にとって，いかに生意気な年頃であったとしても，いささかショッキングな言葉であった．米国の一流の研究者が日本でのシンポジウムなどで日本人の発表に熱心に耳を傾けているところを見かけるが，これは彼らが日本に来ているからではないかと思う．

会場が米国になったとき，上手な発表でないと聞いてもらえないような気がする．

(*T. Yamamoto*)

達成度 □★ □★★ □★★★

2. アルファベットA［エイ］の発音

・Merriam-Webster の発音記号の ā は，［エイ］と丁寧に明瞭に発音する．

・酵素類には［xx-ase］という語がたくさん出てくる．通常，日本語では［xx-アーゼ］と呼ばれている．英語では，主に［xx-エイス］と発音するが，［xx-エイズ］も使用されている．

英 語	慣用的に使用されているカタカナ表記	発音記号		
		カタカナ表記	Jones 式	Merriam-Webster
amylase	アミラーゼ	アミレィス アミレィズ	[ǽməleis] [ǽməleiz]	'a-mə-ˌlās 'a-mə-ˌlāz
azide	アジド アザイド	エイザイド アザイド	[éizaid] [ǽzaid]	'ā-ˌzīd 'a-ˌzīd
β（beta）	ベータ	ベェィタ ビータ	[béitə] [bi:tə]	'bā-tə 'bē-tə
casein	カゼイン	ケィシーン	[kéisi:n]	'kā-ˌsēn
chaos	カオス，ケイアス	ケィアス	[kéias]	'kā-ˌäs
cocaine	コカイン	コォケィン	[koukéin]	kō-'kān
covalent	コバレント	コゥヴェィレント	[kouvéilənt]	ˌkō-'vā-lənt
DNase	DN アーゼ	DN エイス DN エイズ	[di:éneis] [di:éneiz]	dē-'en-ˌās dē-'en-ˌāz
endonuclease	エンドヌクレアーゼ	エンドォニュクリエイス エンドォニュクリエイズ	[endounú:klieis] [endounú:klieiz]	ˌen-dō-'nü-klē-ˌās ˌen-dō-'nü-klē-ˌāz
exonuclease	エクソヌクレアーゼ	エクソォニュクリエイス エクソォニュクリエイズ	[eksounjú:klieis] [eksounjú:klieiz]	ek-sō-'nü-klē-ˌās ek-sō-'nü-klē-ˌāz
gradient	グラディエント	グレィディエント	[gréidiənt]	'grā-dē-ənt
helicase	ヘリカーゼ	ヘリケェィス	[hí:likeis]	'hē-lə-ˌkās
homeostasis	ホメオスタシス	ホゥミィオゥスティシス	[houmioustéisis]	ˌhō-mē-ō-'stā-səs
image	イメージ	イミィジ	[ímidʒ]	'i-mij
label	ラベル	レイブル	[léibəl]	'lā-bəl
latex	ラテックス	レイテックス	[léiteks]	'lā-ˌteks
lysis	リシス	ライシス	[láisis]	'lī-səs
macrophage	マクロファージ	マクロフェイジ	[mǽkrəfeidʒ]	'ma-krə-ˌfāj
methane	メタン/メサン	メセェイン	[méθein]	'me-ˌthān
matrix	マトリックス	メェイトリックス	[méitriks]	'mā-triks

matrices	-	メェイトリシィズ	[méitrisi:z]	'mā-trə-ˌsēz
matrixes	-	メェイトリックシーズ	[méitriksi:z]	'mā-trik-səz
mosaic	モザイク	モォゼェィク	[mouzéiik]	mō-'zā-ik
nuclease	ヌクレアーゼ	ヌゥクリィエース ニュクリエース ニゥクリエーズ	[nú:klieis] [njú:klieis] [nú:klieiz]	'nü-klē-ˌās 'nyü-klē-ˌās 'nü-klē-ˌāz
peroxidase	ペルオキシダーゼ パーオキシダーゼ	パーオキシディス	[pəráksideis] [pəráksideiz]	pə-'räk-sə-ˌdās pə-'räk-sə-ˌdāz
propane	プロパン	プロォペイン	[próupein]	'prō-ˌpān
radioisotope	ラジオアイソトープ	レイディオアイソトープ	[réidiou-aisətoup]	ˌrā-dē-ō-'ī-sə-ˌtōp
RNase	RN アーゼ	RN エイス RN エイズ	[á:réneis] [á:réneiz]	ˌär-'en-ˌās ˌär-'en-ˌāz
SDS-PAGE	SDS ページ	SDS ペェイジ	(SDS-)[péidʒ]	(SDS-)'pāj
tape	テープ	テェィプ	[teip]	'tāp
vasopressin	バソプレッシン	ベイゾォプレッシン	[veisəprésin]	ˌvā-zō-'pre-sən

ギリシャ文字の読み方

大文字	小文字	読み方	大文字	小文字	読み方	大文字	小文字	読み方
Α	α	アルファ	Ι	ι	イオタ	Ρ	ρ	ロー
Β	β	ベータ	Κ	κ	カッパ	Σ	σ	シグマ
Γ	γ	ガンマ	Λ	λ	ラムダ	Τ	τ	タウ
Δ	δ	デルタ	Μ	μ	ミュー	Υ	υ	ウプシロン
Ε	ε	イプシロン	Ν	ν	ニュー	Φ	ϕ	ファイ
Ζ	ζ	ゼータ	Ξ	ξ	クシー	Χ	χ	カイ
Η	η	イータ	Ο	ο	オミクロン	Ψ	ψ	プサイ
Θ	θ	シータ	Π	π	パイ	Ω	ω	オメガ

達成度 □★ □★★ □★★★

3. アルファベットE［イー］の発音

・ここでの発音記号<ē（イー）>は，teen（ティーン）の<ー（音引き）>のように長くなく，強くない．

英語	慣用的に使用されているカタカナ表記	発音記号		
		カタカナ表記	Jones式	Merriam-Webster
diabetes	（糖尿病）	ダイアビィーティズ ダイアビィーテス	[daiəbí:ti:z] [daiəbí:təs]	ˌdī-ə-'bē-tēz, ˌdī-ə-'bē-təs
energy	エネルギー	エナージィ	[énə:dʒi]	'e-nər-jē
ether	エーテル	イーサー	[í:θər]	'ē-thər
fluorescein	フルオロセイン	フロレシィーン	[fluərésiin]	-'re-sē-ən
genome	ゲノム	ジィノォム	[dʒí:noum]	'jē-ˌnōm
genomic	（ゲノミック）	ジィノミック	[dʒinóumik]	ji-'nō-mik
helix	ヘリックス	ヒーリックス	[hí:liks]	'hē-liks
helices	（helix の複数形）	ヘリシーズ	[hélәsi:z]	'he-lə-ˌsēz
helixes	（helix の複数形）	ヒーリックシーズ	[hí:liksiz]	'hē-lik-səz
herpes	ヘルペス	ハーピィズ	[hә́:pi:z]	'hər-(ˌ)pēz
ketone	ケトン	キートン	[kí:toun]	'kē-ˌtōn
medium	メディウム	ミィディウム	[mí:diəm]	'mē-dē-əm
media	メディア	ミィディア	[mí:diə]	'mē-dē-ə
obesity	-	オビィーシティ	[oubí:səti]	ō-'bē-sə-tē
phenol	フェノール	フィーノォル フィノール	[fí:noul] [fí:nɔ:l]	'fē-ˌnōl 'fē-ˌnol
phenotype	フェノタイプ	フィノタイプ	[fí:nətaip]	'fē-nə-ˌtīp
prion	プリオン	プリオーン	[prí:ɑn]	'prē-ˌän
sequence	シーケンス， シークエンス	シィークエンス	[sí:kwəns]	'sē-kwən(t)s
thesis	セシス	シーシス	[θí:sis]	'thē-səs
theses	（thesis の複数形）	シーシーズ	[θí:si:z]	'thē-ˌsēz
variable	ヴァリアブル ヴァライアブル	ヴァリアブル	[véəriəbl]	'ver-ē-ə-bəl
xylene	キシレン	ザイリーン	[záili:n]	'zī-ˌlēn

1-04

達成度
□★
□★★
□★★★

4. アルファベットGの発音

ge［ゲ］から［ジェ］または［ジィ］と発音する．

gel や genome などドイツ語由来の専門用語で＜ ge ＞を含んでいる場合は，＜ゲ＞と発音する．また，日本語のローマ字表記の場合の＜ ge ＞も＜ゲ＞と発音している．英語の場合は＜ジェ＞または＜ジィ＞と＜ J ＞の発音となる．

英 語	慣用的に使用されているカタカナ表記	発音記号		
		カタカナ表記	Jones式	Merriam-Webster
allergy	アレルギー	アラジー	[ǽlərdʒi]	'a-lər-jē
allergen	アレルゲン	アラジェン	[ǽlərdʒən]	'a-lər-jən
antigen	アンチゲン	アンティジェン	[ǽntidʒən]	'an-ti-jən
carcinogen	カルシノゲン	カーシノジェン	[kɑ:rsínədʒən] [kɑ́:rsinədʒən]	kär-'si-nə-jən 'kär-sən-ə-ˌjen
collagen	コラーゲン	コラジェン	[kɑ́lədʒən]	'kä-lə-jən
dehydrogenase	デヒドロゲネース	ディハイドロジェネィス ディハイドロジェネィズ	[di(:)háidrədʒəneis] [di(:)háidrədʒəneiz]	ˌdē-(ˌ)hī-'drä-jə-ˌnās ˌdē-(ˌ)hī-'drä-jə-ˌnāz
gel	ゲル	ジェル	[dʒél]	'jel
genome	ゲノム	ジィノォム	[dʒí:noum]	'jē-ˌnōm
germanium	ゲルマニウム	ジャーマニーム	[dʒərméiniəm]	(ˌ)jər-'mā-nē-əm
glycogen	グリコーゲン	グライコジェン	[gláikədʒən]	'glī-kə-jən
estrogen	エストロゲン	エストロジェン	[éstrədʒən]	'es-trə-jən
ideology	イデオロギー	アイデオロジィ イデオロジィ	[aidiɑ́lədʒi] [idiɑ́lədʒi]	ˌī-dē-'ä-lə-jē ˌi-dē-'ä-lə-jē
immunogen	イムノゲン	イミュノジェン	[imjú:nədʒən]	i-'myü-nə-jən
legend	レジェンド，レゲンド	レジェンド	[lédʒənd]	'le-jənd
mitogen	ミトゲン	マイトジェン	[máitədʒən]	'mī-tə-jən
mutagen	ミュータゲン	ミュータジェン	[mjú:tədʒən]	'myü-tə-jən
pathogen	パソゲン	パソジェン	[pǽθədʒən]	'pa-thə-jən
pyrogen	パイロゲン	パイロジェン	[páirədʒən]	'pī-rə-jən

5. アルファベットI［アイ］の発音

英語	慣用的に使用されているカタカナ表記	発音記号		
		カタカナ表記	Jones式	Merriam-Webster
biotin	ビオチン	バイオティン	[báiətin]	'bī-ə-tən
anion	アニオン	アナイオン	[ǽnaiən]	'a-ˌnī-ən
cation	カチオン	キャットアイオン	[kǽtaiən]	'kat-ˌī-ən
ceramide	セラミド	セラマイド	[sérəmaid]	'se-ə-mīd
cyanate	シアネイト	サイァネィト サイァネート	[sáiəneit] [sáiənət]	'sī-ə-ˌnāt 'sī-ə-nət
diol	ジオール	ダイオール，ディオール	[dáiɔ:l]	'dī-ˌōl, -ˌol
ELISA	エリザ	イライサ イライザ	[iláisə] [iláizə]	ē-'lī-sə ē-'lī-zə
ficoll	フィコール	ファイコール	[fáikɑl]	'fī-käl
foci	（focus の複数）	フォーサイ	[fóusai]	'fō-ˌsī
glutathione	グルタチオン	グルタサイオン	[glu:təθáioun]	ˌglü-tə-'thī-ˌōn
hepatitis	-	ヘパタイテス	[hepətáitis]	ˌhe-pə-'tī-təs
ion	イオン	アイオン	[áiən] [áiɑn]	'ī-ən 'ī-ˌän
kinase	キナーゼ	カイネェィス カイネェィズ	[káineis] [káineiz]	'kī-ˌnās 'kī-ˌnāz
kinin	キニン	カイニン	[káinən]	'kī-nən
ligase	リガーゼ	ライゲェィス ライゲェィズ	[láigeis] [láigeiz]	'lī-ˌgās 'lī-ˌgāz
lipase	リパーゼ	ライペェィス ライペェィズ	[láipeis] [láipeiz]	'lī-ˌpās 'lī-ˌpāz
lipoprotein	リポプロテイン	ライポプロティーン	[laipə-próuti:n] [laipə-próuti:in]	'lī-pə-'prō-ˌtēn 'lī-pə-'prō-tē-ən
liposome	リポゾーム， リポソーム	ライポソーム リポソーム	[láipəsoum] [lípəsoum]	'lī-pə-ˌsōm 'li-pə-ˌsōm
loci	（locus の複数）	ローサイ	[lóusai]	'lō-ˌsī
micelle	ミセル	マイセル	[maisél]	mī-'sel
micro	マイクロ，ミクロ	マイクロォ	[máikrou]	'mī-(ˌ)krō
microfilament	ミクロフィラメント	マイクロフィラメント	[maikrə-fílamənt]	ˌmī-krō-'fi-lə-mənt
microsome	ミクロゾーム	マイクロソーム	[máikrəsoum]	'mī-krə-ˌsōm

mitochondrion	（ミトコンドリアの単数形）	マイトコンドリィオン	[maitəkɔ́ndriən]	ˌmī-tə-'kän-drē-ən
mitochondria	ミトコンドリア（複数形）	マイトコンドリア	[maitəkɔ́ndriə]	ˌmī-tə-'kän-dr-ē-ə
nitrate	（硝酸塩）	ナイトレイト ナイトレェト	[náitreit] [náitrit]	'nī-ˌtrāt 'nī-trət
nitro-（cellulose）	ニトロ	ナイトロ	[náitrou]	'nī-(ˌ)trō
peptide	ペプチド	ペプタイド	[péptaid]	'pep-ˌtīd
phosphatidyl（inositol）	フォスファチジル	フォスファタイディル フォスファティディル	[fɑsfətáidl] [fɑsfətídl]	ˌfäs-fə-'tī-dəl ˌfäs-'fa-tə-dəl
pipet（te）	ピペット	パイペット	[paipét]	pī-'pet
pyranoside	ピラノシド	パイラノサイド	[paiərǽnəsaid]	pī-'ra-nə-ˌsīd
ribose	リボース	ライボゥス ライボゥズ	[ráibous] [ráibouz]	'rī-ˌbōs 'rī-ˌbōz
ribosome	リボゾーム	ライボソゥム	[ráibəsoum]	'rī-bə-ˌsōm
sterile	（滅菌した）	ステリル， ステライル	[stéril] [stérail]	'ster-əl, 'ster-ˌīl
sulfide	スルフィド	サルファイド	[sʌ́lfaid]	'səl-ˌfīd
thiamine	チアミン	サイアミン サイアミィーン	[θáiəmin] [θáiəmi:n]	'thī-ə-mən 'thī-ə-ˌmēn
thiocyanate	チオシアネート	サイオゥサイアネェィト サイオゥサイアネート	[θaiousáiəneit] [θaiousáiənet]	ˌthī-ō-'sī-ə-ˌnāt ˌthī-ō-'sī-ə-nət
thiol	チオール	サイオール サイオゥル	[θáiɔ:l] [θáioul]	'thī-ˌol 'thī-ˌōl
vinyl（tape）	ビニール	バイナル	[váinil]	'vī-nəl
viremia	ビレミア	バイリーミーア	[vaiərími:ə]	vī-'rē-mē-ə
virus	ウイルス	バイラス	[váirəs]	'vī-rəs
vitamin	ビタミン	バイタミン	[váitəmin] [vítəmin]	'vī-tə-mən 'vi-tə-mən（イギリス）
xylene cyanol	キシレン・シアノール	ザイリィン・サイアノゥル	[zaili:n sáiənoul]	'zī-ˌlēn 'sī-ə-(ˌ)nōl

6. アルファベットU［ユゥ］の発音

uを［ウ］ではなく，［ユゥ］と発音する

英語	慣用的に使用されているカタカナ表記	発音記号		
		カタカナ表記	Jones式	Merriam-Webster
albumin	アルブミン	アルビュミン	[ælbjú:min]	al-'byü-mən
cellulose	セルロース	セリュロース セリュローズ	[séljulous] [séljulouz]	'sel-yə-ˌlōs 'sel-yə-ˌlōz
globulin	グロブリン	グロビュリン	[glábjulin]	'glä-byə-lən
mucosa	ムコザ	ミュコーザ	[mju:kóuzə] [mju:kóusə]	myü-'kō-zə
murine	ムリン	ミューリン ミューライン	[mjúrin] [mjúrain]	'myur-ˌen ('myur-ˌīn)
purine	プリン	ピュリーン	[pjú:ri:n]	'pyur-ˌēn
toluene	トルエン	トリュイーン	[táljui:n]	'täl-yə-ˌwēn
tubulin	チューブリン	チュービュリン	[tʃú:bjulin]	'tü-byə-lən
purine	プリン	ピュリーン	[pjú:ri:n]	'pyur-ˌēn
uracil	ウラシル	ユラシル	[júərəsil]	'yur-ə-ˌsil
urea	ウレア	ユレア	[ju(:)rí:ə] [jú:riə]	yu-'rē-ə
urease	ウレアーゼ	ユリーエース	[júərieis] [júərieiz]	'yur-ē-ˌās 'yur-ē-ˌāz
urine	（ウリン）	ユリン	[júərin]	'yur-ən
urokinase	ウロキナーゼ	ユウロカイネース	[júərə-káineis] [júərə-káineiz]	ˌyur-ō-'kī-ˌnās ˌyur-ō-'kī-ˌnāz
uterus	（ウテルス）	ユーテルス	[jú:tərəs] [jú:trəs]	'yü-tə-rəs 'yü-trəs

達成度 □★ □★★ □★★★

1-07

7. アルファベットYの発音

Y［ワイ wai］をI［アイ ai］に変えて発音する

英語	慣用的に使用されているカタカナ表記	発音記号		
		カタカナ表記	Jones式	Merriam-Webster
aldehyde	アルデヒド	アルデハイド	[ǽldiháid]	'al-də-ˌhīd
cyanide	（シアン化合物）	サイアナイド サイアニド	[sáiənaid] [sáiənid]	'sī-ə-ˌnīd 'sī-ə-nəd
chymotrypsin	キモトリプシン	カイモォトリプシン	[kaimətrípsin]	ˌkī-mō-'trip-sən
cytochrome	チトクローム	サイトクロォム	[sáitəkroum]	'sī-tə-ˌkrōm
glycol	グリコール	グライコール	[gláikɔːl] [gláikoul]	'glī-ˌkol 'glī-ˌkōl
gyratory	（旋回）	ジャイレートォリィ	[dʒáiərətɔːri]	'jī-rə-ˌtōr-ē
lysozyme	リゾチーム	ライソザイム	[láisəzaim]	'lī-sə-ˌzīm
lysosome	リソソーム	ライソソゥム	[láisəsoum]	'lī-sə-ˌsōm
lyophilizer	リヨフィライザー	ライヨォフィライザー	[laiɔ́filaizə]	lī-'ä-fə-ˌlī-zər
myelin	ミエリン	マイエリン	[máiəlin]	'mī-ə-lən
myeloma	ミエローマ	マイエローマ	[máiəlóumə]	ˌmī-ə-'lō-mə
myosin	ミヨシン	マイヨシン	[máiəsin]	'mī-ə-sən
myoglobin	ミオグロビン	マイヨグロビン	[máiouglóubin]	'mī-ə-ˌglō-bən
nylon	ナイロン	ナイロン	[náilɑn]	'nī-ˌlän
papyrus	パピルス	パパイラス	[pəpáiərəs]	pə-'pī-rəs
polystyrene	ポリスチレン	ポリィスタイリィン	[pɔlistáiriːn]	ˌpä-lē-'stī-ˌrēn
(Helicobacter) pylori (単数 pylorus)	ピロリ	パイロライ パイロリィ	[pailóurai] [pailóuri]	pī-'lōr-ˌī pī-'lōr(ˌ)ē
pyranose	ピラノース	パイラノォス パイラノォズ	[páiərənous] [páiərənouz]	'pī-rə-ˌnōs 'pī-rə-ˌnōz
pyrex（glass）	パイレックス	パイレックス	[páiəreks]	'pīr-ˌeks
styrofoam	（発砲スチロール）	スタイロフォーム	[stáiərəfoum]	'stī-rə-ˌfōm

達成度 □★ □★★ □★★★

8. [-some] の発音：[ゾ] は [ソ] と発音する

-some がつく単語がいくつかある．ドイツ語発音の影響か，日本では［ゾーム］と発音する傾向がある．英語の場合，［ソーム］と発音するものが多い．

英語	慣用的に使用されているカタカナ表記	発音記号		
		カタカナ表記	Jones 式	Merriam-Webster
chromosome	クロモゾーム	クロモソーム クロモゾーム	[króuməsoum] [króuməzoum]	'krō-mə-ˌsōm 'krō-mə-ˌzōm
desmosome	デスモゾーム	デスモソーム	[dézməsoum]	'dez-mə-ˌsōm
endosome	エンドゾーム	エンドソーム	[éndəsoum]	'en-də-ˌsōm
episome	エピゾーム	エピソーム エピゾーム	[épəsoum] [épəzoum]	'e-pə-ˌsōm 'e-pə-ˌzōm
liposome	リポゾーム	ライポソーム リポソーム	[láipəsoum], [lípəsoum]	'lī-pə-ˌsōm 'li-pə-ˌsōm
lysosome	リソソーム ライソゾーム	ライソソーム	[láisəsoum]	'lī-sə-ˌsōm
microsome	ミクロソーム マイクロゾーム	マイクロソーム	[máikrəsoum]	'mī-krə-ˌsōm
nucleosome	ヌクレオゾーム	ヌクリィオソーム ニュクリィオソーム	[nú:kliəsoum], [njú:kliəsoum]	ˌnü-klē-ə-'sō-m ˌnyü- klē-ə-'sō-m
phagosome	ファゴゾーム ファゴソーム	ファゴソーム	[fǽgəsoum]	'fa-gə-ˌsōm
polysome	ポリゾーム	ポリィソーム	[pólisoum]	'pä-lē-ˌsōm
proteasome	プロテアソーム プロテアゾーム	プロテアソーム	[plóutiəsoum]	prō-tēə-ˌsōm
ribosome	リボゾーム	ライボソーム	[ráibəsoum]	'rī-bə-ˌsōm
spherosome	スフェロゾーム	スフェロソーム	[sfíərəsoum]	'sfir-ə-ˌsōm
splicesome	スプライソゾーム	スプライソソーム	[spláisiousoum]	'splī-ə-ˌsōm

達成度 □★ □★★ □★★★

9．その他

1つの単語について2種類以上の異なる発音が用いられているもの（混用）もある．

英 語	慣用的に使用されているカタカナ表記	発音記号		
		カタカナ表記	Jones式	Merriam-Webster
amide	アミド エィマイド	アマイド，アミド	[ǽmaid] [ǽmid]	'a-ˌmīd, 'a-ˌ-məd
anergy	アネルギー，アナジー	アナジィ	[ǽnərdʒi]	'a-nər-jē
anti	アンチ	アンタイ アンティ	[ǽntai] [ǽnti]	'an-ˌtī 'an-tē
anti-parallel	アンチパラレル アンタイパラレル	混用	[ǽntai-pǽrəlel] [ǽnti-pǽrəlel]	ˌan-ˌtī-'par-ə-ˌlel ˌan-ti-'par-ə-ˌlel
antibody	アンチボディ アンタイボディ	アンティボディ	[ǽnti-bádi] [ǽnti-bɔ́di]	'an-ti-ˌbä-dē
autocrine	オートクリン オートクライン	混用 *1 *1：paracrine，endocrine の“crine”部分も同様	[ɔ́:toukrin] [ɔ́:toukrain] [ɔ́:toukri:n]	'o-(ˌ)tō-krən 'o-(ˌ)tō-ˌkrīn 'o-(ˌ)tō-ˌkrēn
chiasma	キアズマ	カイアズマ キィアズマ	[kaiǽzmə] [ki:ǽzmə]	kī-'az-mə kē-'az-mə
chimera	キメラ， カイメラ	混用	[kimírə] [kaimírə]	kə-'mir-ə kī-'mir-ə
data *2	データ	デェィタ ダャータ	[déitə] [dǽtə]	'dā-tə 'da-tə
digestion	ディジェスチョン	ダイジェスチョン ディジェスチョン ダイジェスション	[daidʒéstʃən] [didʒéstʃən] [daidʒésʃən]	dī-'jes-chən də-'jes-chən dī-'jesh-chən
dishevelled	（分子名）	ディシェブルド	[diʃévəl]	di-'shev-əld
dilution	（希釈）	ダイリューション ディリューション	[dailú:ʃən] [dilú:ʃən]	dī-'lü-shən də-'lü-shən
ester	エステル	エスター	[éstər]	'es-tər
glycerol	グリセロール グライセロール	グリセロール	[glísərɔ:l] [glísəroul]	'gli-sə-ˌrol 'gli-sə-ˌrōl
phage	ファージ	フェイジ ファージ	[féidʒ] [fá:dʒ]	'fāj 'fäzh
in situ	イン サイチュ イン シチュ	混用	[in sáit*j*u:] [in sítju:]	(ˌ)in-'sī-(ˌ)tü (ˌ)in-'si-(ˌ)tü （他の発音もある）
kinetics	キネティックス カイネッティックス	混用	[kinétiks] [kainétiks]	kə-'ne-tiks kī-'ne-tiks

ligand	リガンド ライガンド	混用	[lígənd] [láigənd]	'li-gənd 'lī-gənd
paradigm	パラダイム パラデイム	混用	[pǽrədaim]	'per-ə-ˌdīm ('pa-rə-ˌdim)
plasmid	プラスミド	プラズミッド	[plǽzmid]	'plaz-məd
somatic	ゾマティック	ソォマティック	[soumǽtik]	sō-'ma-tik

＊2：日本語と同じイントネーションのデータと発音する場合，そして一度聞いたら二度と忘れない奇妙な発音のダァータの発音が使用されている．

達成度 □★ □★★ □★★★

10．元素記号

カリウム，ナトリウム，ヘリウム，マンガンは，日本語と発音が若干異なる．

日本語	英語表記	発音記号		
		カタカナ表記	Jones式	Merriam-Webster
亜鉛（Zn）	zinc	ジンク	[ziŋk]	'zin[g]k
アルミニウム（Al）	aluminum	アルミナム	[əl(j)úːminəm]	ə-'lü-mə-nəm
イオウ（S）	sulfur/ sulphur	サルファ	[sʌ́lfər]	'səl-fər
ウラン（U）	uranium	ユレイニィアム	[juəréiniəm]	yu-'rā-nē-əm
塩素（Cl）	chlorine	クロォリィーン クロゥリン	[klɔ́ːriːn] [klɔ́ːrin]	'klōr-ˌen 'klōr-ən
カドミウム（Cd）	cadmium	キャドミィァム	[kǽdmiəm]	'kad-mē-əm
カリウム（K）	potassium	ポタシァム	[poutǽsiəm]	pə-'ta-sē-əm
キセノン（Xe）	xenon	ジィーノーン ゼノーン	[zíːnɑn] [zénɑn]	'zē-ˌnän 'ze-ˌnän
金（Au）	gold	ゴォールド	[gould]	'gōld
銀（Ag）	silver	シルバー	[sílvər]	'sil-vər
コバルト（Co）	cobalt	コボルト	[kóubɔːlt]	'kō-ˌbolt
酸素（O）	oxygen	オキシジェン	[ɑ́ksidʒən]	'äk-si-jən
ケイ素（Si）	silicon	シリコン シリカン	[sílikən] [sílikɔn]	'si-li-kən 'si-lə-ˌkän
臭素（Br）	bromine	ブロミィーン	[bróumiːn]	'brō-ˌmēn
水素（H）	hydrogen	ハイドロジェン	[háidrədʒən]	'hī-drə-jən

チタン（Ti）	titanium	タイテェィニィアム ティテェィニィアム タイタニィアム	[taitéiniəm] [titéiniəm] [taitániəm]	tī-'tā-nē-əm tə-'tā-nē-əm tī-'ta-nē-əm
窒素（N）	nitrogen	ナイトロジェン	[náitrədʒən]	'nī-trə-jən
鉄（Fe）	iron	アイアーン	[áiən]	'ī(-ə)rn
銅（Cu）	copper	コァッパー	[kápər]	'kä-pər
ナトリウム（Na）	sodium	ソォディウム	[sóudiəm]	'sō-dē-əm
鉛（Pb）	lead	レッド	[léd]	'led
白金（Pt）	platinum	プラティナム	[plætnəm] [plætinəm]	'plat-nəm 'pla-tən-əm
ヒ素（As）	arsenic	アースニック アーセニック	[á:rsnik] [á:rsenik]	'ärs-nik 'är-sən-ik
フッ素（F）	fluorine	フロリィーン フロォリィーン フロウリィーン	[flúəri:n] [fló:ri:n] [flou:ri:n]	'flur-ˌēn 'flor-ˌēn 'flōr-ˌēn
ヘリウム（He）	helium	ヒィリィウム	[hí:liəm]	'hē-lē-əm
ホウ素（B）	boron	ボォゥローン ボォローン	[bóuran] [bó:ran]	'bōr-ˌän 'bor-ˌän
マグネシウム（Mg）	magnesium	マグニィジィアム マグニィジーム	[mægní:ziəm] [mægní:zium]	mag-'nē-zē-əm mag-'nē-zhəm
マンガン（Mn）	manganese	マンガニィーズ マンガニィース	[mæŋgəni:z] [mæŋgəni:s]	'ma[ng]-gə-ˌnēz 'ma[ng]-gə-ˌnēs
ヨウ素（I）	iodine	アイオダイン アイオディン アイオディーン	[áiədain,] [áiədin] [áiədi:n]	'ī-ə-ˌdīn 'ī-ə-dən 'ī-ə-ˌdēn
リン（P）	phosphorus	ファスフォラス	[fásfərəs]	'fäs-fə-rəs

2．実験関連用語・イディオム

1．培養・分子生物学実験関連

日本語では，専門用語の短縮形を作り上げる傾向があるが，英語では，SDS-PAGE，HPLC，HEPA filter，FITC 等，長い名前以外の場合，短縮形をつくり使用することはまれである．

英 語	意 味
3´-end	three prime end ；（核酸の） 3´末端
5´-end	five prime end ；（核酸の） 5´末端
acute disease	急性疾患
air-dry	風乾（する）；（室温等に）放置して，自然乾燥する（こと）
aliquot	名詞：一定分量（an aliquot of 1 m*l*） 動詞：一定分量ずつ分注（小分け）する
attomole	amole ；アトモル [a-tō-,mōl] ； 10^{-18} mole
biosafety cabinet (biosafety hood)	安全キャビネット．バイオハザードの可能性のある無菌操作実験に使用するキャビネット
clean bench	クリーン・ベンチ．無菌箱（無菌操作実験台）．バイオハザードとは無関係な組織培養等に使用する．
CO_2-tank	CO_2 ボンベのこと
conical tube	centrifuge tube（遠沈管）の 1 つで，底が逆円錐形のもの
convalescence period	回復期
COOH-terminus	（タンパク質の）カルボキシル末端；COOH-termini（複数）；COOH-terminal（形容詞）
cultivation	培養すること（名詞の culture と同義語）；culture（培養物）と区別したい場合に使用することがある
culture	[名詞]（a）培養すること（b）培養（細胞）そのもの（全体）．
decant decantation	デカント；デカンテーション〔遠心などをおこなったとき，チューブ，etc を傾けて，上清部分を取り除く（こと）〕
deep freezer	ディープ・フリーザー；－ 70 ℃～－ 140 ℃の相当の大きなフリーザー
deionized water	脱イオン水
detergent	洗剤（通常の洗剤にも使用）
dispense	分注（分配）する
distilled water	蒸留水（DW）

double distilled water	再蒸留水（2回蒸留水；典型例としては，最初に脱イオン水をつくり，これを金属装置を用いた蒸留装置で，蒸留し，次にガラス製の蒸留装置で蒸留した水）（ddW or D_2W）
ectopic gene expression	異所性遺伝子発現；ある細胞のゲノムに元々存在していない遺伝子を外部からの導入遺伝子の発現（＝exogenous gene expression）
endogenous（gene）	ある細胞のゲノムに元々，存在している（遺伝子）
exogenous（gene）	ある細胞のゲノムに元々，存在してない（外部から導入する）（遺伝子）
ex vivo	イックス・ビィボ；細胞を *in vivo* から取り出し，*in vitro* で培養した後，*in vivo* にもどすこと
femtomole	fmole；フェムトモル［fem-tō-ˌmōl］；10^{-15} mole
freeze-dry	フリーズ・ドライ；凍結乾燥
fume hood； chemical hood	ドラフトあるいはドラフトチャンバー．有機溶媒や有毒ガスを扱うときに使用する．
gyratory shaker	旋回振盪培養機（ステージが回転することにより振とうするシェーカー）
hard agar	（寒天培養に使用する）固形寒天．軟寒天は soft agar
horizontal infection	水平感染（通常の感染様式を言い，垂直感染でない感染はすべて水平感染といえる）
incubation（latent）period	潜伏期
incubator	恒温槽
inoculation	細胞（細菌，動物細胞など）をまくこと；（ファージ，ウイルスなどの）接種
liquid culture	液体培養．cf. liquid culture medium
loading； applying	ローディング；アプライイング（カラムや SDS-PAGE などのゲルにサンプルをのせる（入れる）ことをいう）cf. loading buffer
lyophilize	凍結乾燥する
micro（-centrifue）tube	マイクロ・チューブ；Eppendorf tube（市販名）も一般名として使用されることある
microtiter plate	マイクロプレート（96-well plate）；組織培養用と ELISA 等の解析用のものがある
NH_2-terminus	（タンパク質の）アミノ末端；NH_2-termini（複数）；NH_2-terminal（形容詞）
out of order	故障中
passage（the cell） （cell）passage（名詞）	動物培養細胞を植え継ぐこと（cell transfer）；パッセージ
persistent infection； chronic infection	両者を区別せず「慢性感染」とする場合と，persistent infection が続くことにより，chronic infection となるとする場合がある．
picomole	pmole；ピーコモル［pē-kō-ˌmōl］；10^{-12} mole
primary culture	初代培養（細胞）；*in vivo* から採取し，培養した細胞
prodrome	前駆症状

pure water	純水（慣習的には，脱イオン水を指す）
reciprocal shaker	往復式振盪培養機（正逆方向に振とうするシェーカー）
refrigerator ； fridge ；freezer	refrigerator〔fridge（口語）〕は冷蔵庫（4℃）；freezer は冷凍庫（フリーザー）
safety cabinet	クリーン・ベンチを指す場合もあるが，ただ単なる安全保管庫と考えた方がよい
secondary culture	primary culture を植えついだ培養（細胞）
shaker	振とう機
slab gel electrophoresis	スラブ式電気泳動（SDS-PAGE に一般に使用されている平板のゲル電気泳動；tube gel に対峙）
soft agar	ソフトアガー（軟寒天）
solid culture	固形培養．cf. solid culture medium（固体培養用培養液）
spin down	遠心（centrifugation）により沈殿させる
sterile hood	無菌操作用の箱（装置）の総称名．clean bench と biosafety cabinet（biosafety hood）を含む．
sterilization by oven or autoclave	通常の滅菌は，オーブンで baking することによる乾熱滅菌，あるいはオートクレーブによる高圧蒸気下での滅菌がある
submarine gel electrophoresis	サブマリン式電気泳動；Horizontal Electrophoresis の 1 つで，現在アガロースゲルで通常使用されているもの
subscript	下付の字
superscript	上付の字　superscripted ：上付の
tap water	水道水
transformation	細菌，イーストなどに対しては，本来の意味である形質転換；動物細胞の場合は，*in vivo* における細胞の癌化を意味し，DNA を用いた場合の transformation は transfection を使用
ultra-pure water	超純水（逆浸透法，限外濾過方などを使用して調整；Milli-Q などに代表される）；D_2W も超純水と同等とみなされ，分子生物学に使用されている
vertical infection	垂直感染
(bring) volume up to A ml	（水などを）加えて，体積を A にする
water bath	ウォーターバス，水槽

2．試薬，文具類

英語	意味
aluminum foil	アルミ・ホイル
balance ；balance scale	天秤
bench ； laboratory bench ； Lab. bench	実験用デスク
chemicals ；reagents	試薬類
filter paper	濾紙
forceps	ピンセット
funnel	漏斗
glue	糊（のり）
graduated cylinder	目盛り刻みのあるメスシリンダー
laboratory notebook ； lab note	実験ノート
lab coat	白衣
marker pen	マジックペン
microwave oven	電子レンジ
packaging tape	荷造り用テープ
plastic wrap	ラップ；saran wrap（市販名）も一般名として使用されている
razor	カミソリ（razor blade はカミソリの刃）
ruler	定規
scissors	はさみ
scotch tape	スコッチテープ（市販名）はビニールテープ（vinyl tape）の１つ
spatula	スパチュラ；薬さじ（スパーテル）
stapler	ホチキス（staple は針）
thesis ；dissertation	学位論文
weighing paper	薬包紙

3. その他

英語	意味
[xxx]	xxx in brackets（ブラッケット）〔brackets（複数）〕. 最初の括弧を open bracket，終わりの括弧を close bracket という
(xxx)	xxx in parentheses（パレンシィシィズ） parentheses（複数）；parenthesis（単数） 最初の括弧を open parenthesis，終わりの括弧を close parenthesis という
A/B	A（backward）slash B と読む． /：通常スラッシュと呼び，正式にはバックワードスラッシュ backward slash（virgule）と呼ぶ
＼	forward slash （reversed virgule）（フォワードスラッシュ）
A~5	A tilde 5.（A は約 5）（= A similar to 5 or A almost equal to 5） ~：ティルダ；A~E とある場合，A から E という意味ではない
A-E	A to E と読む（A から E）．-：ハイフン
ca.	シュゥカ（ラテン語 circa に由来）と発音．約；ca. 2,000（約 2,000）
a.k.a.；aka	エイ・ケイ・エイと発音．also known as の短縮形（別名，またの名を，の意味） 例）John Smith, aka Jonathan Jones（ジョン・スミス，別名ジョナサン・ジョーンズ）
cf.	confer（～と比較する）の略語で，コンファーと読む
i.e.	アイ・イー（すなわち，言い変えれば，の意味）
e.g.	イー・ジー（例をあげると，たとえば，の意味）
コロン（：）， セミコロン（；）， コンマ（，） ピリオド（．）	・コロンは説明に使用し，セミコロン，コンマは語句の分断（分離）に使用． ・A: B, C, D.：B ～ D は A の説明のための語句． ・A: B, C; D, E, and F. この場合，セミコロン（;）の語句分断力は，コンマより強いため，コロン以下は，セミコロンの使用により，2 つのグループ（B, C および D, E, F）に分けられることになる． ・語句に対する分断力の強さは，ピリオド＞セミコロン＞コンマである．したがって，ピリオドは各文章の最後にのみ用いる．コンマはセミコロン内部で使用できる．
to scale	比例して 例）In the figure, sizes of exons and introns are drawn in size to scale. 図中，エキソンとイントロンの大きさは，比例して描かれている
a factor of 10	10 倍（異なる）
5 orders of magnitude	5 桁（違ってくる）
10^5	10 to the fifth (power) （10 の 5 乗） ※この power は発音しないことが多い
10^{-5}	10 to the minus fifth (power) （10 のマイナス 5 乗）

Step 2
発表で役立つフレーズ集

Step 2 発表で役立つフレーズ集

1.発表者編

発表のプロセス
～はじめの挨拶からおわりの挨拶まで～

Step2-1 発表者編では，学会等の発表が，どのような形式で行われているかを順を追って取り上げている．発表時間は通常，10分～15分程度の比較的短いものと，30分～40分程度の長めのものに分かれるが，ここでは発表時間が比較的に長い場合を想定して一連の場面においてよく使うフレーズを紹介している．発表時間が短い場合は，挨拶トークはできるだけ割愛し，仕事の話に集中することになる．発表者の基本姿勢は，自分たちの仕事内容（あるいは自分たちの分野）を可能な限りたくさんの人たちに知ってもらう，理解してもらうという点にあるからである．

以下に記す項目は，通常の発表のプロセスであり，各ステップがどのようなものかを理解することができるように，それぞれいくつかの例をあげている．一連のプロセスに特有の言い回しをマスターし，自分なりにアレンジすることで，学会やシンポジウムはもちろん，研究室のセミナーや大学院の修士・博士課程の卒業研究発表などでも活用することができるはずである．

1. はじめの挨拶

1）はじめに“Thank you”ありき

各発表者のトークの最初と最後に必ずと言ってよいほど，Thank youがある．

達成度
□★
□★★
□★★★

例1

Thank you Dr. Iwamura for introducing me. It's an honor to speak here today, and I'd like to thank Dr. Sato and members of the organizing committee for inviting me. This is my first visit to Japan, and it's been really striking to me how helpful everybody has been.

岩村博士，ご紹介ありがとうございました．今日ここでお話しできることを光栄に存じます．また，佐藤博士および組織委員会の皆様に，招待していただいたことを感謝しています．今回が初めての来日ですが，すべての人たちが非常に親切であることにとても感銘しています．

例2

Thank you, Ms. Chairperson, for introducing me. Coming from Seattle, I am a Mariners' baseball fan, and we are all very impressed what a superstar Ichiro has turned out to be for our team.

チェアパーソン（Ms.ミズ：女性の座長），ご紹介ありがとうございました．私はシアトルからやってきましたが，マリーナズの野球ファンです．マリナーズチームのために，イチローがとっても素晴らしいスーパースターになってくれたことに私たちファンはとても感動しています．

例 3

Thank you for your introduction, Mr. Chairman. It is such an honor to speak here today. For several years we have been closely following the publications of Dr. Inoue from this institute, and his work has had a profound impact on much of our own research.

チェアマン（座長），ご紹介ありがとうございました．今日，ここでお話しできることをとても光栄に存じます．この研究所の井上博士の研究発表を何年間もの間，注意深く追跡してきました．彼の研究は，われわれの研究の多くの部分に，強烈な衝撃を与えてくれました．

2）発表のテーマに関しての言及：何に関して話すか？

例 1

Today, I will talk about our research on activation mechanisms of memory T cells.

今日，記憶Ｔ細胞の活性化メカニズムに関してのわれわれの研究をお話しします．

例 2

Much of the work in my lab revolves around a single question : how do cells sense their surroundings? Today I would like to address one aspect of that question. Specifically . . .

私の研究室は，１つの研究課題を中心にいろいろな研究を行っています．中心課題は，細胞が周囲の状況をどのようにして感知するかという点に関してです．今日は，この疑問点の一側面に関してお話ししたいと思います．特に，―――．

例 3

At the time I joined Dr. Tsuchida's lab to start my postdoc, the following things were already known about how the c-Src protein kinase was activated. What nobody understood was how the c-Src protein phosphorylated its target proteins. To try to get at this question, Dr. Satoh suggested I might try mutagenizing the *SH2* and *SH3* regions of the c-*src* gene.

私がポストドクを開始するために，土田博士の研究室に行ったときには，c-Srcタンパク質のキナーゼがどのようにして活性化されるかに関して，以下に述べることがすでにわかっていました．しかし，誰にも知られていなかったことは，c-Srcタンパク質が，どのようにしてそのターゲットタンパク質をリン酸化するかということでした．この疑問点に迫るために，佐藤博士は，c-*src*遺伝子の*SH2*と*SH3*領域に変異を導入してみてはどうかという示唆をしてくれました．

注：上記の how は，文節として使用されているため，[how－主語－動詞－目的語] という形になる．また，最後の文章の try の後は [try－（動詞－ing）（現在分詞形）－目的語] となる．あるいは [try－（to－動詞）（to 不定詞）－目的語] でもよい．

3）ワークショップ等における開会の辞

Good morning everyone, I'm Taro Tanaka of Osaka University, and I am indeed honored at the invitation to open this work shop, and to be able to provide my perspective on what I hope will emerge from our talks and discussions today.

みなさん，おはようございます．大阪大学から来た田中太郎です．このワークショップの開会の辞をすべく招待され，このセッションでどのようなことが期待されるかに関して，私の展望を述べさせていただけることを非常に光栄に思っています．

注：ワークショップ開始の際，チェアマンが開会の辞（冒頭の挨拶 opening remarks）として，簡単に自分自身を紹介した後，各発表者にバトンタッチするというのが通常といってよい．しかし，場合によっては該当分野の現時点での到達点を言及し，各発表者が，どこの部分に光を当ててくれるかを言及する場合もある．特に，大きな矛盾点が存在している場合や，big breakthrough の直前などでは，このようなことが行われることがある．

2. イントロダクション

達成度
□★
□★★
□★★★

1）研究テーマに至る背景，テーマの言及例

例 1

How is bone homeostasis maintained? What are the signal transduction pathways that contribute? These are some of the questions that drive my lab's research, and today I'd like to tell you a little bit about what we have learned about Tob, one of the actors that controls bone homeostasis.

骨のホメオスタシスはどのように維持されているのでしょうか？　どのようなシグナル伝達経路が，この維持に関与しているのでしょうか？　これらは，私の研究室の中心課題の一部です．今日，骨のホメオスタシスをコントロールしている役者の１つである Tob に関して，私たちが学んできたことをほんの少しお話しさせていただきたいと思います．

例 2

In the innate immune system, expression of major histocompatibility complex Ⅰ is regulated by interferons.

自然免疫系では，主要組織適合複合体Ⅰの発現は，インターフェロンによって制御されています．

例 3

It was already generally appreciated from Dr. Mayer's papers in 1989 and 1990 that the adaptor protein regulates various signaling proteins, and those pioneering papers attracted many more researchers to the field.

アダプタータンパク質がさまざまなシグナル伝達に関わるタンパク質を制御しているこ

とは，1989年と1990年のメイヤー博士の論文から，一般にすでに知られており，これらの先駆的な論文は，その分野に実にたくさんの研究者を引きつけました．

例 4

What is known about the mechanism by which c-Src kinase is activated? Previous work in the field has established dephosphorylation of the carboxy-terminal Tyr phosphate on c-Src is the key to activating its kinase.

c-Srcキナーゼを活性化するメカニズムに関しては，どのようなことが知られているでしょうか？　この分野での今までの仕事により，c-Srcタンパク質のカルボキシ末端のチロシンのリン酸を脱リン酸化することが，そのキナーゼを活性化するための鍵であることが確立しました．

注：上記の by which は，文節として使用されているため，which の後は，［主語－動詞－目的語］という形になる．

3. 結果の説明

2-03

達成度

□★

□★★

□★★★

1）実験結果の説明例

例 1

As we can see, this western blot analysis showed a significant increase in the phosphorylation level of this particular protein.

ご覧になっておわかりのように，このウエスタンブロット解析により，このタンパク質のリン酸化レベルが有意に増加していることがわかります．

例 2

The increase in IL-2 production was observed by 18 hours after antigen presentation to $CD4^+$ T cells by major histocompatibility complex Ⅱ.

IL-2産生の増加は，主要組織適合複合体Ⅱによって$CD4^+$ T細胞に抗原が提示された後，18時間までに観察されました．

例 3

Immunoglobulin gene expression was limited to the lymphoid organs, such as the lymph node and spleen, carrying mature B cells and plasma cells.

免疫グロブリン遺伝子の発現は，B細胞やプラズマ細胞が存在するリンパ器官，例えばリンパ節や脾臓に限定されています．

例 4

In this figure, Green is actin protein, and Red is integrin.

この図で，緑色はアクチンタンパク質を，赤色はインテグリンを示します．

例 5

Fyn-knockout mice exhibited normal bone density and structure, whereas *src*-knockout mice showed high bone density and abnormal bone structure.

fyn ノックアウトマウスは，正常な骨密度と構造を示しましたが，一方，*src* ノックアウトマウスでは，高い骨密度と異常な骨の構造がみられました．

例 6

For this experiment we used Hela cells cultured in synthetic medium, and on day 3, mitogenic stimulation was carried out.

この実験のために，合成培地で HeLa 細胞を培養し，３日目にマイトゲン刺激を行いました．

例 7

As you can see in this graph, with the error bars indicating standard deviation, the difference in expression levels of the gene between these two conditions is significant.

このグラフでエラーバーは標準偏差を示します．このグラフからおわかりになりますように，これらの２つの条件間でのその遺伝子発現レベルの違いは，有意です．

4. 話の展開・転換

達成度

以下の例では，同じ意味の事柄を異なった言い方で表現している．

例 1

Next, I examined various possible downstream signals. The purpose was to find out which downstream signal transduction pathways are involved in the initial signal transduction.

次に，可能性のあるさまざまな下流のシグナルを調べました．この目的は，最初のシグナル伝達にどの下流のシグナル伝達経路が関係しているかを調べることです．

例 2

So, next, we turned our attention to its downstream signal transduction pathways.

さて，次に，この下流のシグナル伝達経路にわれわれは注目しました．

例 3

Moving on to look at the effects of the initial signal transduction, I wanted to examine upregulation of various possible downstream signals.

最初のシグナル伝達の影響を見るため，次に，可能性のあるさまざまな下流のシグナルの増大を調べたいと思いました．

5. 強調する

2-05

達成度

□★

□★★

□★★★

以下の例では，同じ意味の事柄を異なった言い方で表現している．

例 1

Surprisingly, Src function in the osteoclast cells was successfully substituted by several other Src-family kinases.

驚いたことに，破骨細胞でのSrcの機能は，ある他のSrcファミリーキナーゼによってうまく代用されました．

例 2

Here we got an unexpected result : Src function in the osteoclast cells was replaced by other Src-family kinases.

ここでわれわれは，予期せぬ結果を得ました．破骨細胞でのSrc機能は，他のSrcファミリーキナーゼによって代用されたのです．

例 3

But what was most interesting to us is that c-Src function in the osteoclast cells could be substituted by several other Src-family kinases, implying that the Src function is not specific for the osteoclasts.

しかし，最も興味深く感じられたことは，破骨細胞でのc-Src機能が，他のいくつかのSrcファミリーキナーゼによって代用されたということです．このことは，Src機能は破骨細胞に特異的ではないということになります．

例 4

Now note that Src function in the osteoclast cells was replaceable by other Src-family kinases.

さて，破骨細胞でのSrc機能が，他のSrcファミリーキナーゼによって置き換えられたかということに注意してください．

例 5

Why was Src function in the osteoclast cells replaceable by other Src-family kinases ?

なぜ，破骨細胞でのSrc機能が，他のSrcファミリーキナーゼによって置き換えられたのでしょうか？

注：“Why --- ?” の使用に関して

Why --- ? という，非常に直接的な表現を用いることにより，問題点に対して注意を喚起したり，新たな視点を提供したりすることが容易に，かつ，効果的にできる．さらに，Why -- ? の後に，この疑問に対する論理的な説明が提供できれば，さらに効果的となるだろう．ただし，この種の論理的な説明なしに，Why ? を連発することは，逆効果となる可能性がある．

6. 結論

達成度
□★
□★★
□★★★

1）結論を導く典型的な表現

発表者が結論を述べる際，どのような表現を用いるかは，最も興味深い点といえる．ぜひ学会などで注目して聞いてみてほしい（論文の場合も同様である）．

These results clearly indicate that ･･･.（これらの結果は明瞭に～であることを示している）というようなきっぱりと言い切れる場合が，発表者にとっては理想である．しかし，多くの場合そう単純にはいかない．もしindicateを使用し，1つでも例外，あるいは不確定性が存在している場合，この主張は完全にくずれるからである．きっちりと詰めた実験（water-tight or air-tight）を行うことは至難だからである．「そこまで言い切れるのでしょうか？　これこれの場合はどう考えられますか？」などと質問された場合，うっかりすると真っ青になり，立ち往生ということにもなりかねない．不十分なデータから，結論を言い切ったとなると，サイエンスをやっている姿勢そのものに対する疑問さえも招きかねない．

したがって，基本原則としては結論を述べる際はplay safe（無難，安全）とするのが通常である．しかし，These results suggest that ･･･. の形で，suggestの連発では，メリハリもなく，しまりのない感じの発表となってしまう（と，発表者当人たちは思いこみがちである）．かくして，発表者は［suggest］と［indicate］の間をさまようことになる．以下に結論を導く際に使う典型的な例をあげる．

These results suggest that --.
（これらの結果は，――ということを示唆しています．）

These results strongly suggest that --.
（これらの結果は，――ということを強く示唆しています．）

These results may imply that --.
（これらの結果は，――ということを意味しているかもしれません．）

These results may indicate that --.
（これらの結果は，――ということを示しているかもしれません．）

These results point out the possibility that --.
（これらの結果は，――という可能性を示しています．）

These results appear to indicate that --.
（これらの結果は，――ということを示しているように思われます．）

From these results, we think that ---.
（これらの結果から，私たちは，――と考えています．）

Based on these results, it is likey that ---.
（これらの結果から，――であるように思われます．）

These results would lead us to the following conclusion: --.
（これらの結果から，次のような結論が導かれます．）

なお，suggest を使用しようが，indicate を使用しようが，結論が正しければ，どちらであれ，同じように十分な credit（貢献度評価）を得ることができると考えられている．

2）結論へ至る導入部の例

2-07

達成度
□★
□★★
□★★★

例 1

Taken together the data brings us to these conclusions : -----.

（すべての）データをあわせると，以下の結論になります．

例 2

Now let's tie all these threads together. First, -----.

ここでこれらすべてのデータをつなぎ合わせてみましょう．まず第一に，——．

注：thread はつむぎ用の糸（データ）と考える．

例 3

As we saw from the gene targeting experiments, -----.

遺伝子ターゲティングの実験からわかりますように，——．

例 4

The results I have shown you today lead to the following model, shown in this schematic illustration. -----.

今日お見せした結果から，この略図に示されますように，次のようなモデルが導かれます．

例 5

We propose that -----.

われわれは，・・・・を提案します．

注：propose という言葉は，強い意味をもっているため，よほど自信がない限り，すなわち，データにきっちりと裏打ちされていない限り，安易には使用しない方が無難である．以下の例 6 ～ 8 は，やや tone down した（控えめな）表現である．

例 6

We would like to propose the following model : -----.

われわれは，次のようなモデルを示唆したいと思います．

例 7

Our findings support the model first put forward by Dr.Sato, ----- .

われわれの発見は佐藤博士によって最初に提唱されたモデルを支持しています．

例 8

We are considering the following model : -----.

私たちは，次のようなモデルを考えています．

propose は自分が見つけたとき，support は他の人が以前紹介したモデルに合うときに用いる．

達成度
□★
□★★
□★★★

7. 共同研究者の紹介・謝辞

1）紹介・謝辞の目的

1つの論文にまとめることができるくらいの内容の場合は，中心となって実験を行った研究者（学生も含む）が研究発表を行うことが多い．シンポジウムなどに招待され，いくつかの論文内容をまとめたものを発表するような場合は，通常そのラボの責任者（Laboratory chief）が発表を行う．昨今の分子生物学研究は，カバーしなければならない実験領域が広いため，共同研究者の助けが必要となることが多く，共同研究者の紹介や謝辞を行うことがある．

発表の最後に行う＜共同研究者の紹介・謝辞＞は，共同研究者，等に対する発表者の謝辞であると同時に，共同研究者の人たちも，それなりにcreditを得るべきであるという考えで行われている．

ただ，＜共同研究者の紹介・謝辞＞は，絶対にしなければならないというものではなく，時間があれば，するに越したことはないという感じのようである．共同研究者の名前は，発表の要旨の著者欄に，すでに記してあるからである．

時間に余裕がある場合，主な研究者に関しては，誰がどの仕事を担当したかを具体的に述べ，creditの分配をきっちりと行うこともある．

以下に，よく使われる表現を紹介する．

例 1

This slide lists my collaborators, -----.

このスライドは，共同研究者のリストです．———

例 2

This work was performed in the laboratory of Hiroshi Noda.

この仕事は野田弘の研究室で行われました．

例 3

This work was performed in collaboration with Dr.David Bayer.

この仕事はDavid Bayer博士と共同で行われました．

例 4

Dr.Sakaguchi and Dr.Inoue performed the gel shift experiments.

坂口博士と井上博士は，ゲルシフトの実験を行いました．

例 5

Western blot analyses were performed by Dr. Watanabe.

ウエスタンブロット解析は，渡辺博士により行われました．

例 6

Dr. Aoki of the ABC University provided the anti-clathrin antibody.

ABC大学の青木博士には，抗クラスリン抗体を提供していただきました．

例 7

This work was supported by -----.

この研究は，（これこれ）によりサポートされています．

注：研究費がどこから出ているかということは，通常，特別な理由がない限り，学会発表では行われないが，論文発表の場合は，援助機関の明記が義務づけられている．

8. おわりの挨拶

2-09

達成度
□★
□★★
□★★★

発表の最後にも“Thank you.”を用いる．

Thank you for your attention.

ご静聴，ありがとうございました．

"Thank you."または"Thank you very much."が典型的な言い方．他に以下のような表現をすることもある．

a）Thank youの後に一言付け加える場合

"Thank you for your attention.", "Thank you for listening.", "Thank you for your time and attention. ", "Thank you for your time.", "I thank you for your attention.", "I thank you all for your attention."

b）Thank youの前に一言付け加える場合

"So that brings me to the end of my lecture and I do thank you all for your attention.", "That's the end of my presentation. Thank you.", "That will do it for my talk. Thank you.", "That's all, thank You."

c）フォーマルではない場合

"Thanks."

9. 質疑応答

2-10

達成度
□★
□★★
□★★★

1）発表者側の対応例

後述の**2．司会者編**でも紹介するが，質問があったときの基本的な対応は次のようなものであると思われる．(a) 質問の意味を的確に把握すること．(b) 聴衆にも質問内容を明瞭に理解してもらうこと．(c) 曖昧な表現をせず，焦点がずれた解答をしないこと．そしてもちろん，質問した人とけんかをしないことである．(a)，(b) に関しては，発表者が質問内容を（わかりやすく）言い換えて，質問者に確認することで解決できる．(c) に関しては，サイエンティストの本分にのっとり，ストレートに答えればよいと思われる．

以下に質疑応答で発表者がよく用いる表現を紹介する．

例 1

Here, let me roll back to the conclusions slide for the questions and answers period.

まず，質疑応答の時間のために，＜結果のスライド＞に戻らせてください．

注：この発表者の発言は，質問者が挙手して質問する前準備のためのものである．

例 2

Let me repeat your question to make sure everybody understood.

聴衆の皆さんに理解していただくために，あなたの質問を繰り返させてください．

例 3

Your question was -----.

あなたの質問は‥‥ですね．

発表者に向かって確かめるときは Your question was ･･･，聴衆全体に向かって確かめるときには The question was ･･･と言う．

例 4

I didn't fully catch your question. Could you please repeat it ?

あなたの質問を十分聞き取れませんでした．もう一度繰り返していただけますでしょうか？

例 5

I am not sure if I understood your question correctly, but if you are asking -----, then the answer is -----.

あなたの質問の意味を正確に理解しているかどうかわかりませんが，‥‥について尋ねられているのでしたら，‥‥という答えになります．

注：この場合は，英語がきっちりと聞き取れないなどの理由で，チェアマンに助けを求めることがある．アメリカなどで開かれるミーティングには，さまざまの国の研究者が参加しており，それぞれ特有のアクセントの英語を話すことが多く，質問内容が理解できないということはまれに起こりうる．

例 6

If I understood correctly, your question is ----- .

もしあなたの質問を正しく理解しているならば，あなたの質問は――．

例 7

Let me try to answer your questions in order. Your first question was -----

あなたの質問に順番に答えさせてください．あなたの最初の質問は，―――．

注：これは質問者が 2 つ以上の質問をした場合に使う表現である．

例 8

Thank you for your comment.

コメントをありがとうございます.

注：これは質問ではなく，何らかの参考意見を聴衆が知らせてくれた時に使う表現である.

例 9

Yes, I do agree that this is something we need to look at more closely.

はい，おっしゃる通り，この点に関しては，われわれはもっと詳細に調べる必要があります.

注：do は agree を強調するためのものである.

例 10

Yes, that would be something worth looking at.

はい，その点は，調べてみる価値のあることですね.

例 11

That is an excellent question and something we are looking into.

それはすばらしい質問ですね．現在，われわれが調べていることです.

例 12

I see why you would suggest that, but I don't think that's what's going on here. Here's why : -----

あなたがそれを示唆される理由はわかります．しかし，この場合そのようなことが起きているとは，考えていません．その理由は，こうです．――.

2）聴衆者からの質問およびコメント

達成度
□★
□★★
□★★★

多くの聴衆の中で，挙手し質問することは，なかなか勇気がいることである．しかし，たとえ英語に自信がなくても，例えばキーワードを並べ立てるだけでも，多くの場合，発表者は質問の本質を的確に把握してくれるはずである．発表者が質問者の意図を的確に把握しようと意識を集中しているからである.

質問をする目的は，当然のことながら，発表された研究内容に関する疑問点をより深く理解することである．もう1つの効用は，相互コミュニケーションを行うことにより，その場の雰囲気がより盛り上がり，ミーティングそのものがより活性化されることである．また，同じ分野で競合する研究者から鋭い質問が投げかけられることもある.

質問の仕方としては，いろいろあるが，典型例としては，まず自分の名前，所属機関を述べ，次に発表がいかに立派であったかをほめ，それに感謝し，目的の質問に移るという形である．あるいは，いきなり質問の核心に入る形も考えられる．どのようなスタイルをとるかは，質問者の好みと言ってよい．いずれにしろ，発表のどの点に関して，どのような疑問点があるのかをきっちりと知ってもらうことが必須である．

コメントがある場合も，質問の場合と同様に，発表が立派であったことを述べ，感謝し，具体的なコメントを述べる形，あるいは，即，核心に入る形がある．

以下に例を紹介する．

例 1

(I'm Shun Yamamoto from Hokkaido University.) Thank you for your great presentation. I was really impressed with your proposed model. Now, I would like to ask one question regarding the signal transduction pathways involving the Q protein. In the model, you have shown 2 downstream signal transduction pathways from the Q protein. My question is whether there are only 2 pathways involved or whether there could be some other pathways. If possible, would you elaborate on this ?

注：I would like to congratulate on your great presentation. That was really marvelous. というような大絶賛の場合もある．

(北海道大学から来ました山本俊といいます.) すばらしい発表を（聞かせていただき）ありがとうございました．あなたの提案されたモデルに非常に感銘しました．Q タンパク質に関与しているシグナル伝達経路に関して，1 つ質問があります．提案されたモデルでは，Q タンパク質からの 2 つの下流のシグナル伝達経路が示されていました．関係しているシグナル伝達経路は 2 つだけでしょうか？　それとも，他にもあるのでしょうか？　もしできましたら，もう少し詳しく説明していただけますでしょうか？

例 2

I have one quick question about the signal transduction pathways concerning the Q protein. Are there only 2 downstream signal transduction pathways from the Q protein or could there be more ?

Q タンパク質に関するシグナル伝達経路に関して，単純な 質問が 1 つあります．Q タンパク質からの下流のシグナル伝達経路は 2 つだけでしょうか？　それとも，他にも，もっとあるのでしょうか？

例 3

Thank you for your excellent talk. I would like to make a comment on the 2 downstream transduction pathways involving the Q protein. We have been working on a somewhat similar problem, but using the drosophila system. We have found another downstream signal transduction pathway leading to phospholipase C. Our work is in press now, and will be coming out soon.

すばらしい発表をありがとうございました．Q タンパク質に関与する 2 つのシグナル伝達経路に関して，1 つコメントさせていただきたいと思います．われわれも似た問題に関して研究しておりますが，ショウジョウバエの系を使用しています．われわれはホスホリパーゼ C へとつながる別の下流のシグナル伝達経路を見つけています．この仕事は，現在，（論文が）印刷中で，まもなく出版される予定です．

Expression

2.司会者編
～セッションをスムーズに進行するためのフレーズ～

この**司会者編**では，司会者（通称，座長あるいはチェアマンあるはチェアパーソンと呼びます）が使うフレーズを紹介する．チェアパーソンの役割は，議事進行を行うという司会者としての役割はもちろん，同時に質問者ともなる．また，発表者が質疑応答に窮している時には，その手助けを行うこともある．場合によっては，該当分野のコンセンサスが得られていると考えられる現状を簡単に述べ，未解決の問題点を指摘し，発表者たちがこれらの問題に対してどのような光を当ててくれるかを言及することもある．したがって，該当分野に関してそれなりに精通している必要がある．

1. シンポジウムにおけるチェアパーソンの役割

基本的に，発表者の紹介は簡潔であるべきである．紹介に時間を費やすということは，発表者の発表時間やその後のディスカッションの時間に食い込むことになるからである．したがって，ミーティングのプログラムに発表者の簡単なバイオグラフィ（経歴）※1が記されている場合，聴衆が自分で読めることをセッションのチェアパーソン※2が１つ１つ言及していくことは利口とはいえない．

聴衆が温かく歓迎してくれるような発表者に関する逸話などの知見をもっていないかぎり，あるいは，発表者が話すテーマに関しての特別な視点を提供できる場合でないかぎり，発表者の紹介は，可能な限り短くすべきである．発表者が演壇を降り，次の発表者が演壇に登るまでの時間内で終わる程度の短いものが通常である．チェアパーソンが，発表者の質疑応答時間の終了を告げてから，次の発表者に移るのが典型といえる．例えば，以下のような表現を用いる．

memo

※1 バイオグラフィ：bio sketch

経歴．biographical sketch ともいう．

※2 チェアパーソン：chairperson

日本では，chairman が依然として，使用されているように見受けられる．対峙する言葉として，chairwoman があり，女性の台頭ということもあり，chairperson の方がより一般的である．なお，“chair” を使用する場合もある．タイトルとして使用する場合は，大文字ではじめて Chair Dr. XXXX.

達成度
□★
□★★
□★★★

例 1

If there are no further questions, I would like to thank Dr. Smith for a very clear and stimulating presentation. (applause)

「もし質問がなければ，（これで終わりとし，）スミス博士の非常に明解で，刺激的な発表に感謝します.」（拍手）

例 2

Although there seem to be many more questions among the audience, I would like to try to stay on schedule. Therefore, I must ask those of you who still have questions to try to catch Dr. Smith during the next coffee break. Thank you Dr. Smith for a very stimulating presentation. (applause)

「さらにたくさんの質問があるようですが，スケジュール通りに進行させていただきたいと思います．ですから，ご質問のある方は次のコーヒーブレイクの時にスミス博士を見つけて，質問をしてくださるようお願いします．スミス博士，非常に刺激的な発表をありがとうございました.」（拍手）

例 3

Now, moving on, we are very fortunate that Dr. Sato could come here today to tell us about his work on the novel tumor-suppressor gene *tob*. Dr. Sato is a professor in the Department of Biochemistry at the University of Osaka. Since those of you attending today can find his bio sketch printed in your programs, I don't want to take any more time away from his presentation. Dr. Sato, as soon as you are ready, your lecture, please.

「さて，次に進みます．幸運にも，佐藤博士に今日ここに来ていただき，新しい癌抑制遺伝子 *tob* という演題で，研究の話をしていただきます．佐藤博士は，大阪大学，生化学科学科（department）の教授です．彼の発表時間にくい込みたくありませんので，聴衆者の方は，お持ちのプログラムに載っている博士の経歴をご覧ください．佐藤博士，準備が整い次第，レクチャーをお願いいたします．」

Symposium

シンポジウムの定義はそう簡単ではないが，通常，発表者は応募者から選別されるのではなく，オーガナイザーが選び，招待することが多い．また，発表内容もそれなりにすでに評価を得た内容であることが多い．このような意味では，レクチャーに近い性格をもつ．1人の発表者の持ち時間は，20～40分程度であり，チェアパーソンによるプログラム進行もそれなりにゆとりがあり，紹介の仕方にも色々と工夫できる可能性がある．一方，通常の研究発表は，口頭発表，ポスター発表に選別され，口頭発表時間もきわめて短い．1人の持ち時間は，10分前後であり，この場合チェアパーソンによる紹介もきわめて簡単なものとならざるをえない．

もしチェアパーソンが，前の発表とこれから発表される内容との関連に関して，きっちりとしたアイデアがある場合，「次に進みます」と言う際に，何か適切なひとことを付け加えるとよい．以下はその例である．

Now, we are moving on from the cell surface receptor to the intracellular components involved in signal transduction. Luckily, Dr. Sato, the next speaker, is working on intracellular signal transduction pathways and mechanisms. He has discovered a new tumor-suppressor gene called *tob*. Within the nuclei, Tob protein also regulates the functioning of the intracellular signal transduction pathway initiated by the extracellular signaling factor, bone morphogenetic protein (BMP), binding to its cell surface receptor.

「さて，細胞表面レセプターから，そのシグナル伝達経路の細胞内コンポーネントの話に移行しますが，幸いなことに，次の発表者の佐藤博士は細胞内シグナル伝達経路メカニズムに関して研究されています．彼は新しい癌抑制遺伝子 *tob* を発見されました．このTobタンパク質は，また，細胞表面レセプターから細胞質，そして核内へと至るシグナル伝達経路をもつ細胞外シグナル因子である骨形成タンパク質BMPの機能を核内で制御しています．」

もしプログラムに，経歴が記載されていない場合，チェアパーソンがさらにもう少し付け加えることもある．例えば，発表者が博士号（Ph.D.[※3]）を得た年，研究室，仕事のタイプ，あるいは，ポストドクの研究をどこで行ったか，などである．しかし，発表者がこのシンポジウムに招待された理由—発表者のどのような科学的業績がシンポジウムの組織委員（またはオーガナイザー）を引きつけたのか—を述べる方が，より適当かもしれない．また，チェアパーソンが発表者と初めて出会ったのはいつであったとか，発表者の仕事に興味をもったのはいつであったかとかを述べることもある．このほか，発表者が受けた特別賞や表彰，科学専門誌の編集者としての役職，あるいはこれこれの学会の会長である（であった）などを述べるのもよいかもしれない．しかし，発表が非常に特別なものでない限り，チェアパーソンは紹介を簡潔にし，言及するに値する事柄のみを自身の判断で行うべきである．

1）質疑応答に関するチェアパーソンの役割

a）質問のリピートについて

通常，会場には，何人かのアシスタントがマイク係として待機していて，質問者が挙手すると，即，近づいてきてマイクを渡してくれる．しかし，質問者の声が

memo

※3 Ph.D.

Ph.D. = Doctor of Philosophy．直訳すれば，哲学博士になるが，単にピー・エイチ・ディと発音し，医師，獣医，歯科医以外の博士号学位取得者は，通常，Ph.D.と呼ばれている（文学博士も含める）．

会場全体に行き渡らないケースが時としてみられる．このため，チェアパーソンがセッションの冒頭で，「質問があった場合，質問者の質問内容を発表者がリピートしてくれるように」と以下のようにお願いする場合がある．

Now, before starting, I would like to ask all the speakers that each time when you receive a question in the question-and-answer period, would you repeat the question or, if you like, paraphrase it so that the entire audience can understand it clearly.

この方法は，発表者にとっては，質問者の意図を再確認し，かつ，それに対する解答を準備するための時間的余裕がもてる点で，そして他の聴衆にとっては，質問のポイントを明確に把握できる点で，非常にメリットがあるように思われる．

b）発表者が質問内容を把握できない場合

発表者の英語リスニング能力が十分でないために，質問の意味が把握できない場合は，どうするか？　質問者が，質問をゆっくりとリピートしたり，言い換えたりしても理解してもらえない場合，聴衆の１人として共同研究者が参加していれば，挙手し，共同研究者であり，発表者の代わりにお答えしたいと断った上で解答する．この例を以下に紹介する．

My name is Ishida, one of his collaborators. Please allow me to answer to the question on his (= speaker) behalf.

「石田といいます．彼の共同研究者の一人です．彼の代わりにお答えしたいのですが――．」

I am Ishida, one of his collaborators. If possible, I would like to answer to the question for him (= speaker). May I ?

「石田といいます．彼の共同研究者の一人です．できたら，彼への質問にお答えしたいのですが．よろしいでしょうか？」

では，共同研究者などがいない場合どうするか？　チェアパーソンは，例えば以下のようにスピーカーを助けるために発言することがある．

I would like to step in here. Please allow me to try to reword the question for our speaker.

「ちょっと発言させていただきます．（質問の意味を理解できたと思いますので）何が質問されているのかスピーカーに説明したいと思います．」

As I understood it, the question is --- [paraphrased question].

「質問の意味は，これこれです．」

Is this correct ?（"Did I get your question right ?" または "Is this what you are asking ?"などの言い方もある）

「正しいですか？」

確認した後，（英語もしくは日本語で）スピーカーに説明を行う．

c）発表者と質問者の間で議論に決着がつかない場合

非常にまれではあるが，質疑応答に際し，発表者と質問者が，ともに非常に興奮し，激烈な議論の応酬になる場合がある．この時もまた，チェアパーソンが的確に対処する必要がある．以下はそのような場合の例である．

There is still a lot of discussion going on. However, we are pressed for time, and have to move on to the next speaker.

「議論が続いておりますが，時間がおしていますので，次の発表者に移らなくてはなりません．」

So, if you two gentlemen will allow, we would like to move on. Is it OK to move on ?

「もしお二人がよろしければ，次へ移らせていただいてもよろしいでしょうか？」

All right, thank you.

「（二人の方を見て確認し）はい，ありがとうございます．」

Now, we could have one more question, the last one, though.

「では，もう1つだけ，これで最後の質問とさせていただきたいと思います．」

Is there anybody else ?

「どなたか（質問は）ございますか？」

It appears not.

「ないようですね．」

Then we are moving on to the next speaker.

「それでは，次（の発表者）へ移りたいと思います．」

Dr. Sato, we thank you for your wonderful presentation and, of course, for the great, stimulating discussion.

「佐藤博士，すばらしい発表とたいへん刺激的な議論をありがとうございました．」

So, let's give Dr. Sato a big round of applause.

「佐藤博士に大きな拍手を（お願いします）．（チェアマンから率先して拍手をする）」

Now, our next speaker will be --- .

「それでは，次の発表者は・・・」

上記のb），c）いずれの場合も，ある種のユーモアでもってチェアパーソンが対処するのがベストと思われる．

2. 形式的な短い紹介例

達成度

□★★★

チェアパーソンが発表者を知っているわけでもなく，かつ，発表者の研究に特に精通しているわけでもない．しかし，有益な紹介をするに十分な情報を集める努力をした場合の紹介例として，以下のものが考えられる．これは形式的な短めの紹介例である．

Dr. Satoh received his doctorate in 1985 from Nagoya University for research performed in the laboratory of professor Kato on DNA damage caused by reactive oxygen species. Since that time his major research interest has centered around questions of how external signals are transduced to bring about internal responses in mammalian cells.

Currently he is a professor at Shinshu University, where he has been for the past 17 years. His lecture today is entitled "The role of factor X ubiquitination in modulating response to the chemokine XCH". Dr. Satoh, as soon as you're ready, please begin.

「佐藤博士は，加藤教授の研究室で，活性酸素種により引き起こされるDNA損傷に関する研究を行われ，名古屋大学から1985年に博士号を授与されました．この時から，佐藤博士の研究上の主な興味は，哺乳類細胞において，細胞内反応を行うべく外部シグナルがどのようにして伝達されるのかという疑問を中心としてしていました．佐藤博士は，過去17年間過ごされた信州大学で，現在教授をされています．佐藤博士の今日のレクチャーのタイトルは，ケモカインXCHに対する反応変化に際してのファクターXユビキチン化の役割です．佐藤博士，準備が整い次第，レクチャーをお願いいたします．」

3. より大きな学会のシンポジウムでの紹介例

もしセッションのチェアパーソンが，発表者の仕事に精通している場合，あるいは，発表者自身を知っている場合，よりパーソナルなコメントを付け加えることが可能である（当然のことながら，コメントは発表者の良い側面に関してのみであるべきである）．しかし，個々のコメントは，チェアパーソンや発表者によって異なる．通常のシンポジウムのレクチャーの場合，これらのコメントは，やはり，かなり簡潔にすべきである．例外としては，シンポジウム全体でのスペシャル・レクチャーを発表者が行う場合や，セミナーで発表者がただ1人の場合である．この場合は，より長い紹介が適切と考えられる．以下の例は，この種のものである．

※この紹介文は日本の学会での特別講演で実際に用いられたスピーチを元に再構成したものである．

Good afternoon,
I am Tadashi Yamamoto of the Institute of Medical Science, University of Tokyo, and am honored to chair this special lecture by Dr. Ira Pastan. Dr. Pastan graduated from Tufts University where he also obtained his M.D.※4 After internship, he moved to the NIH ※5 and has headed the NCI's LMB ※6 since 1970.
I am pretty sure that all of you are aware of Dr. Pastan's great achievements in cancer biology. His research area extends from very basic molecular biology through cell biology and into translational research. And although the research output of his lab has been tremendous, to measure his influence by that alone would be to underestimate him; Dr. Pastan has trained many postodocs ※7 from all over the world. Some learned molecular biology, some cell biology and others learned translational research. But all learned how a scientist should face his own research-- lessons I also had the good fortune to

learn as one of the early postdocs in his laboratory.
His current efforts are very much focused on developing new therapies for cancer using fusion proteins. These proteins combine a genetically modified bacterial exotoxin with the Fv portion of antibodies directed at antigens on cancer cells. Today we will hear the exciting story of the development of this new therapy as well as data on its effectiveness. We will probably hear more about his recent approach in finding new target proteins specific to cancer cells. Translational research is a difficult but very important field that we have to cultivate and I am certain that Dr. Pastan's lecture will offer us great encouragement.
Now, I would like to ask Dr. Pastan to give his lecture, Dr. Pastan please.

「皆さん，今日は．東京大学，医科学研究所の山本　雅です．
アイラ・パスタン博士によるスペシャルレクチャーのチェアーをつとめさせていただき非常に光栄です．パスタン博士は，Tufts（タフツ）大学を卒業し，同大学でM.D.（医学博士号）を取得され，インターンを終了後，NIH（アメリカ国立衛生研究所）に行かれ，1970年以降，NCI（国立癌研究所）のLMB（分子生物学ラボラトリー）のヘッドをつとめられています．
癌生物学におけるパスタン博士の偉大な業績を，ここにおられる皆さんは，よくご存知だと思います．彼の研究分野は，非常に基礎的な分子生物学から，そして細胞生物学，さらに，そのトランスレーショナルリサーチに及んでいます．そして，彼の研究室から発表された研究業績には凄まじいものがありますが，これだけで彼を評価することは，過小評価であるといえます．パスタン博士は，世界中から来たたくさんのポストドク（postdoctoral fellows）を教育されました．ある人たちは，分子生物学を学びました．また，ある人たちは，細胞生物学を学びました．そして他の人達は，トランスレーショナルリサーチを学びました．そして，これらすべての人達は，科学者がどのようにして自分自身の研究に対峙すべきかを学びました．─私自身もまた，彼の研究室での最も初期のポストドクの１人として，これらの教訓を学ぶという幸運に恵まれました．
現在の彼の研究は，融合タンパク質を用いた新しい癌治療法の開発に専ら焦点をおいて

memo

※ 4 M.D.

Medical Doctor（医学博士号）を指し，医学部（medical school）卒業の意味である．したがって，アメリカの医学部を卒業し，さらに基礎研究を行いPh.D.を得た場合，M.D./Ph.D.と呼ばれている．なお，日本の医学研究科大学院を出て博士号を取得した場合，日本では医学博士と呼ばれているが，これは，上記のPh.D.に相当する．

※ 5 NIH

National Institutes of Health（アメリカ国立衛生研究所）．アメリカ政府が膨大な研究費を投入しており，無数の研究所からなる．そのスケールの大きさや研究テーマの多様性に関しては世界に類を見ない研究所である．研究レベルも世界トップレベルである．

※ 6 NCI

National Cancer Institute（国立癌研究所）．NIHにある研究所の１つ．
LMB = Laboratory of Molecular Biology（分子生物学ラボラトリー）

※ 7 postdoc

postdoc = postdoctoral fellow．ポストドク．アメリカでは，生物系の場合，会社や大学等の研究機関の正式ポジションに就職する前に，Ph.D.取得後，数年間のトレーニングが必要とされており，この期間に雇用されている研究者をポストドクと呼ぶ．

います．これらのタンパク質は，遺伝学的に改変したバクテリア毒素と，癌細胞表面の抗原に対して作製された抗体のFv部分（抗原認識部位）をあわせもっています．この新しい治療法開発に関する感銘深いお話，そしてその効果に関するデータについて，今日，私たちはこれから聞くことができるでしょう．おそらく，癌細胞に特異的な新しいターゲットタンパク質の発見に際しての，彼の最近のアプローチに関しても，さらに聞くことができるのではないかと思います．トランスレーショナルリサーチは，難しい研究分野ですが，私たちが育てていかなければならない，非常に重要な分野です．パスタン博士のレクチャーは，私たちにとって，大きな励みとなるものであると確信しています．
では，パスタン博士にレクチャーをお願いしたいと思います．パスタン博士，お願いします．」

Column　聴覚：音記憶と認識

視覚，嗅覚，聴覚などによる認識は，通常，記憶を介して行われているフシがある．あるドキュメンタリー番組によると，コロンブスがアメリカ大陸を発見した時，先住民のインディアンは，接岸した船を視認できなかったという．しかし，その一人が，（船のまわりの）波の動きが奇妙であることに気づき，不審に思い観察していると，突如として船の姿が出現したという．よく似た話が，飛行機の誕生直後にもあったとされている．飛行機はそこに存在しているにもかかわらず，最初は視認できなかったという．これらは，記憶に存在しないものを視認することの難しさを示唆している．

聴覚に関しても，不思議な話がある．外国の歌を聴いていると，突如として日本語の言葉が聞こえてくるというのである（TV番組「空耳アワー」）．これは，一連の音を正確に聞き取ることができず，知っている音だけを選び出して聞いているためのようである．このようなミスを避けるためには，音に対する感度が十分に準備されていること（該当する音が記憶のなかにあること），そしてまた，単語としての一連の音が記憶として存在していることが重要であると思われる．

日本人にとっての問題点の１つは，このあたりにあるのかもしれない．英語に比べると，日本語は音の数が圧倒的に少なく，英語の音をきっちりと聞き取るには訓練が必要である．日本語環境に育った人の聴覚は，日本語の音にtune up（調律）されており，日本語音に無関係な（意味のない）音や単語音は，フィルターアウトされて聞こえないようになっている可能性がある．

では，どのようにして認識すればいいのか？　一番良いのは，そばに<先生>がいて，聞き取れない語彙がどういう音であるかを音として示してくれることである．しかし，通常，これは望むべくもない．したがって，感覚から入ってダメならば，別の認識から入り，感覚へと連動して改良するという次善の策を取ることになる（上記の波の異常な動きから，船の視覚化に成功したように）．すなわち，該当部の英文（英単語のspelling）をみて，聞き直してみればよい．大抵の場合，英単語のspelling通りに発音されているのが聞き取れるはずである．辞書で英単語を調べ，該当する日本語の意味の確認作業を繰り返し行ったのと同じように，英単語のspellingと聞こえる音との確認作業をやればよいことになる．たくさん，たくさん，音（単語や会話）に触れ，発音のさまざまなバリエーションを経験すればするほど，聴く力は確実についてくるはずである．

もう１つの方法は，意味の流れ（文脈）から聞き間違いに気づくことである．これは日本語の場合でも普段行っていることであり，非常に役立つ．この力を養うには，大量に聴くことはもちろん，大量の読書が非常に有益である．

（*A. Tanaka*）

Step 3

学会での発表例

～発表の一連の流れを理解しよう～

Step 3 学会での発表例
～発表の一連の流れを理解しよう～

Practice-1
癌抑制遺伝子 *tob* の解析
～Tobによる癌抑制と骨芽細胞の増殖分化制御～

本稿は2001年2月8～10日に開催されたThe 4th Japan-Korea Cancer Research Symposiumと2001年11月29日に開催された第6回慶應医学賞・受賞記念シンポジウムにおいて発表された吉田　富博士（東京大学医科学研究所 当時）の講演内容を元に再構成したものです.

Title

Lessons from *tob*-deficient mice : Tob suppresses tumorigenesis and inhibits BMP/Smad signaling in osteoblasts

tob 遺伝子欠損マウスからの知見：
Tobによる腫瘍形成抑制と骨芽細胞におけるBMP/Smadシグナルの制御

Yutaka Yoshida
Department of Oncology, The Institute of Medical Science, University of Tokyo

リスニングのポイント

tob 遺伝子が癌抑制遺伝子であり，かつ，骨形成のSmadシグナル伝達経路に関与していることを証明するために，さまざまな角度から，きっちりと詰めていくという方法で実験を行っています．この種の詰め方は，非常に参考になります〔このような詰め方をwater-tight（水も漏らさない）あるいは，air-tightといいます〕．それぞれのデータは，典型的とでもいえる分子生物学的テクニックを駆使して得られています．実際に自分で実験をやることをイメージして，聴いてみてください．必要と思われる的確な実験デザインを組み，的確に実行していくことの大変さやすごさが感じられることでしょう．述べられている実験の多くは，データを得るためにそれぞれ相当な時間と正確さ，そして集中力が要求されるものです．自分もできるかどうかを考えながら聴いてみると，サイエンスに対する姿勢という意味で非常に参考になる発表です．

Summary

Tob is a member of a new antiproliferative protein family consisting of Tob, Tob2, ANA/BTG3, BTG2/TIS21/PC3, BTG1, and PC3B. Overexpression of Tob family proteins suppresses cell growth in NIH3T3 cells. Furthermore, expression of *BTG2* is induced in a p53 dependent manner after DNA damage. Disruption of *BTG2* in ES cells leads to alterations in DNA damage-induced cell cycle arrest. However, the underlying mechanisms for cell growth inhibition by Tob family proteins as well as their *in vivo* biological function have been elusive. To elucidate the function of Tob *in vivo*, we generated *tob*-deficient (*tob*$^{-/-}$) mice. Tob null mice were highly prone to spontaneous formation of a variety of tumors, including malignant lymphomas, hemangiosarcomas, lung carcinomas, and hepatocellular adenomas. Intraperitoneal injection of diethylnitrosamine caused liver tumors to develop in *tob*$^{-/-}$ mice more frequently and with earlier onset than in wild-type mice. Mice deficient in both tob and p53 exhibited a dramatic acceleration of tumor formation relative to single gene knock out mice. Moreover, Tob suppressed the promoter activity of cyclin D1 through its interaction with histone deacetylase 1. Thus, *tob* likely functions as a tumor suppressor gene. Furthermore, *tob*$^{-/-}$ mice had a greater bone mass resulting from increased numbers of osteoblasts. Orthotopic bone formation in response to BMP2 was elevated in *tob*-deficient mice. Overproduction of Tob repressed BMP2-induced, Smad-mediated transcriptional activation. Finally, Tob associated with receptor-regulated Smads, and colocalized with these Smads in the nuclear bodies upon BMP2 stimulation. These results indicate that Tob negatively regulates osteoblast proliferation and differentiation by suppressing the activity of the receptor-regulated Smad proteins.

日本語訳

Tobは，Tob，Tob2，ANA/BTG3，BTG2/TIS21/PC3，BTG1，そしてPC3Bのメンバーからなる，新しい増殖抑制タンパク質ファミリーの1つである．Tobファミリータンパク質の過剰発現は，NIH3T3細胞の増殖を抑制し，さらに，DNAが損傷している場合，p53依存的にBTG2発現が誘導される．また，ES細胞の*BTG2*遺伝子を破壊した場合，DNA損傷誘導による細胞周期停止に変化がもたらされる．しかし，Tobファミリータンパク質による細胞増殖阻害のメカニズムそして*in vivo*生理機能は，現在，まだ不明瞭である．*in vivo*でのTob機能を解明するために，われわれは，*tob*欠損マウス（*tob*$^{-/-}$）を作製した．*tob*$^{-/-}$マウスは，悪性リンパ腫，血管肉腫，肺腺種，肝細胞癌を含む，さまざまなタイプの癌を自然発生的に非常に発生しやすい傾向があることがわかった．また，ジエチルニトロソアミンの腹腔内注射により，*tob* $^{-/-}$マウスは野生型マウスに比べ，より早い時期に，そしてより高頻度に肝臓癌を発症した．一方，*tob* $^{-/-}$ *p53* $^{-/-}$マウスの場合は，それぞれ単独の遺伝子ノックアウトマウスに比べ，癌形成の劇的な加速が観察された．さらに，Tobはヒストン脱アセチル化酵素1と相互作用することにより，サイクリンD1のプロモーター活性を抑制した．このように，*tob*遺伝子は，癌抑制遺伝子として機能していると思われる．さらに，*tob* $^{-/-}$マウスでは，骨芽細胞増殖による骨量の増大が観察された．*tob* $^{-/-}$マウスは，また，BMP2反応性の同所性骨形成の増大を示した．そしてTobの過剰発現は，BMP2により誘導されるSmad介在性転写活性を抑制した．最後に，Tobがレセプター制御Smadタンパク質類と会合し，核小体のSmadと共存していることがわかった．これらの結果は，Tobがレセプター制御性のSmadタンパク質類の活性を抑制することにより，骨芽細胞の増殖・分化をネガティブに制御していることを示唆している．

参考文献

1）Mice lacking a transcriptional corepressor Tob are predisposed to cancer. Yoshida, Y. et al.： Genes Dev., 17 ： 1201-1206, 2003

2）Negative regulation of BMP/Smad signaling by Tob in osteoblasts. Yoshida, Y. et al.： Cell, 103 ： 1085-1097, 2000

1：Tobファミリータンパク質

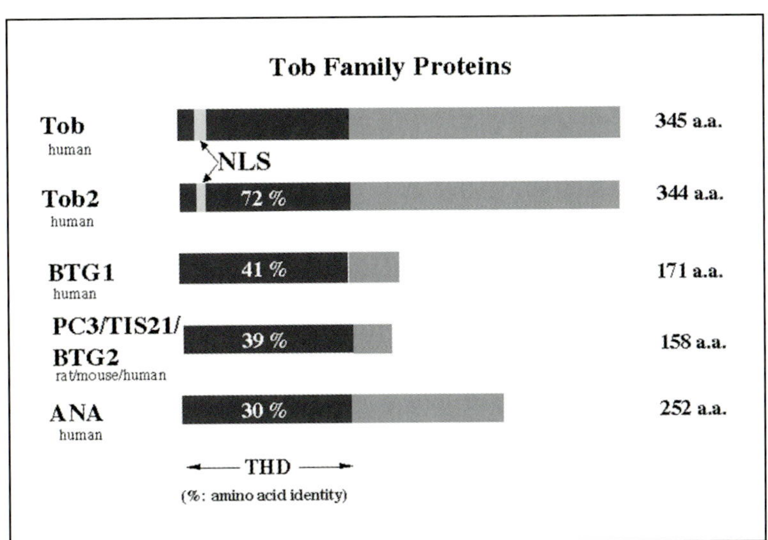

THD：Tob Homologous Domain

Step 3 学会での発表例

3-01

達成度
□★
□★★
□★★★

Transcript

This slide shows a schematic structure of the Tob protein. The Tob protein is a member of a new anti-proliferative protein family consisting of Tob, Tob2, BTG1, BTG2, and ANA. These gene products suppress cell growth when expressed exogenously in NIH3T3 cells. Furthermore, expression of BTG2 is induced in a p53-dependent manner after treatment with DNA damaging genotoxic agents. Disruption of *BTG2* in ES cells leads to alterations in DNA damage-induced cell cycle arrest. However, the underlying mechanisms for cell growth inhibition by Tob family proteins as well as their *in vivo* biological functions are unclear.

Translation

このスライドはTobタンパク質の構造の概略を示しています．Tobタンパク質はTob，Tob2，BTG1，BTG2，ANAからなる新しい増殖抑制タンパク質ファミリーの1つです．これらの遺伝子がNIH3T3細胞に導入され，発現した時，これらの遺伝子産物は細胞増殖を抑制します．さらに，DNA損傷をもたらす薬剤で処理すると，BTG2の発現は，p53依存的に誘導されます．ES細胞の*BTG2*遺伝子を破壊することにより，DNA損傷によって誘導される細胞周期停止に変化がもたらされます．しかしながら，現在，Tobファミリータンパク質による細胞増殖阻害のメカニズム，そしてまた，これらのタンパク質の*in vivo*での生理的機能は明らかではありません．

MEMO

- gene product：遺伝子産物．タンパク質のことであるが，gene proteinという言い方はない．
- exogenous：外から導入された遺伝子という意味で使用されている．endogenous（gene）〔内在性（遺伝子）〕に対峙する言葉として用いられる．

2：Tobによる細胞周期G1/S期への移行の抑制

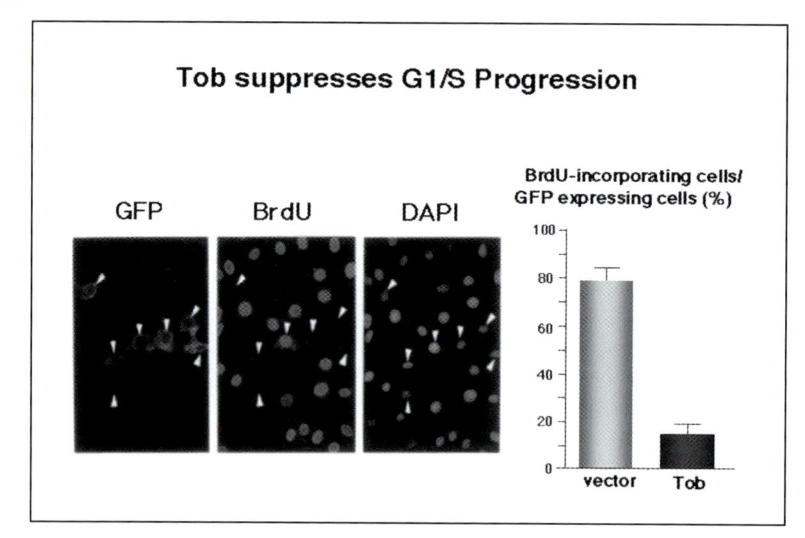

Transcript

This slide shows that Tob inhibits G1 progression. In this experiment, NIH3T3 cells were serum-starved and microinjected with plasmids encoding Tob together with GFP-expression vector. Twenty-four hours after microinjection, serum and bromodeoxyuridine were introduced. Then S phase entry was monitored by staining with anti-BrdU antibody. As shown in this panel, Tob protein inhibited S-phase entry.

Translation

このスライドは，TobがG1期進行を抑制していることを示しています．この実験では，血清のスターベーション（飢餓）条件下で，NIH3T3細胞にGFP発現ベクターと共にTobをコードしているプラスミドをマイクロインジェクションし，マイクロインジェクションから24時間後に，血清とブロモデオキシウリジン（BrdU）を導入しました．そして，細胞がS期に入ったかどうかを抗BrdU抗体による染色によって観察しました．パネルに示すように，Tobタンパク質はS期への移行を抑制しました．

MEMO

この実験では，GFPをコードするプラスミドとTobをコードするプラスミドをマイクロインジェクションで細胞に注入し，発現ベクター系が機能しているかどうかをGFPの発色で見ています．発現は，一時的なもの（transient）であり，GFPの発光がみられる細胞がマイクロインジェクションによりTobが発現した細胞と考えられる．

- GFP：green fluorescent protein（緑色蛍光タンパク質）
- BrdU（bromo-deoxy-uridine）：DNA合成が行われている場合，チミジン（Thymidine）の代わりにBrdUがDNAに取り込まれ，この取り込まれたBrdUをBrdUに対する抗体で検出している．
- DAPI（4',6-diamidino-2-phenylindole）：核を青く染色する試薬

3：*tob*欠損マウスの作製

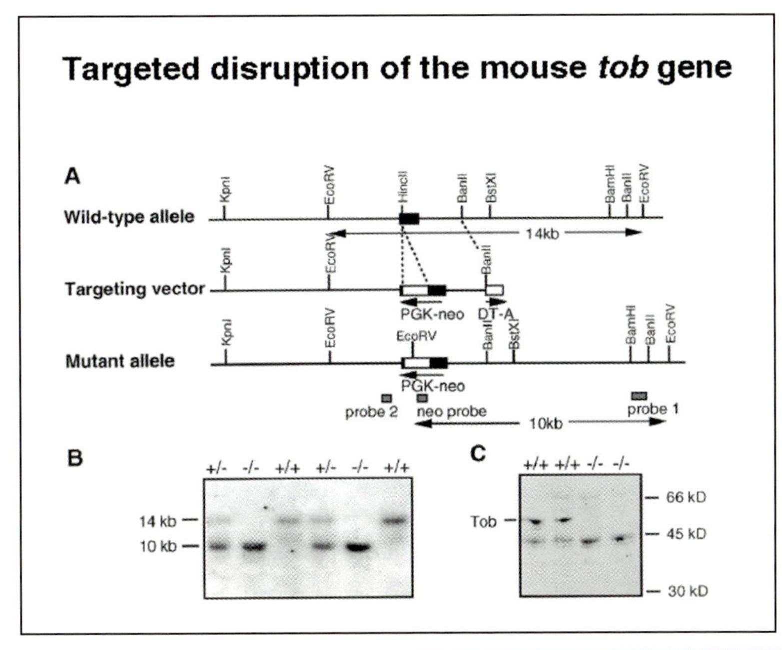

Transcript

3-03

To understand whether endogenous Tob has anti-proliferative activity *in vivo*, we generated *tob*-deficient mice. This panel shows the wild-type allele, the targeting vector, and the anticipated mutant allele. Southern blot and Western blot analyses revealed that the wild-type *tob* alleles had indeed been disrupted. *tob*-deficient mice were born alive and appeared normal. However, as they aged, almost all *tob*-deficient mice developed spontaneous tumors in a variety of tissues.

達成度
□★
□★★
□★★★

Translation

*in vivo*で，内在性のTobが増殖抑制能をもつのかどうかを知るために，*tob*欠損マウスを作製しました．このパネルは，野生型の対立遺伝子，ターゲッティングベクター，そして作製されたと考えられる変異体の対立遺伝子を示しています．サザンブロット，ウエスタンブロット解析によって，野生型*tob*遺伝子が，実際に壊されていることが示されました．*tob*欠損マウスは生きている状態で生まれ，正常であるように見えました．しかしながら，歳をとるにしたがい，ほとんどすべての*tob*欠損マウスのさまざまな組織に，自然発生腫瘍が観察されました．

MEMO

ここでは典型的な遺伝子ノックアウト技術を用いて，*tob*欠損マウスを作製している．マウスES（Embryo Stem）細胞（$tob^{+/+}$）にマウス*tob*ゲノムの一部とネオマイシン薬剤耐性遺伝子（*neo*）をもつプラスミドをトランスフェクションし，相同組換えを起こさせ，目的とする相同組換え体細胞（$tob^{+/-}$）（図のMutant allele）をマウス正常初期胚（$tob^{+/+}$）と混ぜて培養し，ブラストシストの胚を代理母の体内に戻して作製する．

4：血管腫をもつ *tob* 欠損マウス

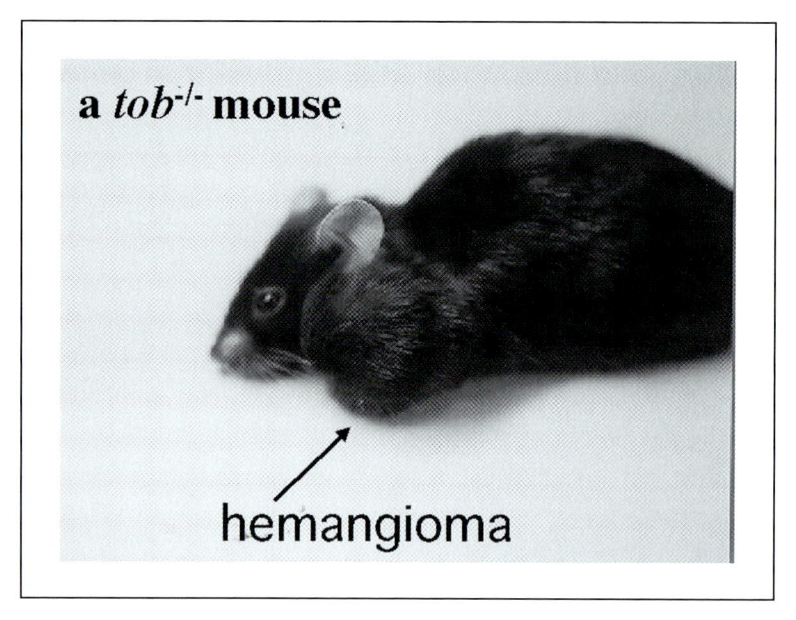

Transcript

Some *tob*-deficient female mice developed hemangiomas or hemangiosarcomas in the subcutis, liver, and pancreas. This slide shows an 18-month-old *tob*-deficient mouse. This mouse developed a large hemangioma in the subcutis.

Translation

メスの *tob* 欠損マウスのあるものは，皮下組織，肝臓，膵臓に血管腫や血管肉腫を発生していました．このスライドは 18 カ月齢の *tob* 欠損マウスを示し，皮下組織に巨大な血管腫を生じています．

Slide 5：*tob*欠損マウスにみられる自然発生癌

Spontaneous tumors in *tob*-deficient mice

Animal	Sex / Age (weeks)	Site	Histology
1	M / 52	Liver	Hepatocellular adenoma
2	M / 99	Liver	Hepatocellular adenoma
3	M / 95	Liver	Hepatocellular adenoma
4	M / 78	Liver	Hepatocellular adenoma
5	M / 95	Liver	Hepatocellular adenoma
		Lung	Adenoma
6	M / 26	Lymph node	Malignant lymphoma
7	M / 78	Lymph node	Malignant lymphoma
8	M / 78	Lymph node	Malignant lymphoma
9	M / 86	Lymph node	Malignant lymphoma
		Lung	Adenoma
10	M / 52	Liver	Hepatocellular adenoma
		Lung	Carcinoma
11	M / 52	Liver	Hepatocellular adenoma
		Lung	Carcinoma
12	M / 72	Liver	Hepatocellular adenoma
13	M / 68	Liver	Hepatoblastoma
14	F / 78	Subcutis	Hemangioma
		Lung	Adenoma
15	F / 78	Pancreas	Hemangiosarcoma
16	F / 43	Subcutis	Hemangiosarcoma
17	F / 73	Liver	Hemangiosarcoma
18	F / 86	Liver	Hemangioma
19	F / 40	Liver	Hepatocellular adenoma
20	F / 78	Lymph node	Malignant lymphoma
21	F / 95	Lymph node	Malignant lymphoma
22	F / 60	Liver	Malignant lymphoma
23	F / 24	Pancreas	Acinar cell carcinoma
		Lymph node/Liver /Kidney	Malignant lymphoma

Transcript

This slide shows a table of tumors developed in *tob*-deficient mice. As shown here, *tob*-deficient mice developed hemangiomas, hemangiosarcomas, hepatocellular carcinomas, lung adenomas, and malignant lymphomas. By 6 months, several *tob*-deficient mice had developed tumors. However, most *tob*-deficient mice developed tumors between 12 and 18 months of age.

達成度
- □★
- □★★
- □★★★

Translation

このスライドは*tob*欠損マウスに発生した腫瘍の表です．この表に示しているように，*tob*欠損マウスは血管腫，血管肉腫，肝細胞癌，肺線腫，悪性リンパ腫を発生しています．6カ月齢までに，*tob*欠損マウスのいくつかは，すでに腫瘍を生じていました．しかし，ほとんどの*tob*欠損マウスは12～18カ月齢の間で腫瘍を発生しました．

MEMO

［表中の語句］M：male（雄），F：female（雌），Liver：肝臓，Lymph node：リンパ節，Lung：肺，Subcutis：皮下，Pancreas：膵臓，Kidney：腎臓，Hepatocellular adenoma：肝細胞腺腫，Adenoma：腺腫，Malignant lymphoma：悪性リンパ腫，Carcinoma：癌腫（上皮細胞由来の悪性腫瘍），Hemangioma：血管腫，Acinar cell carcinoma：腺房細胞腺腫

6：*tob* 欠損マウスにおける癌の種類と発生頻度

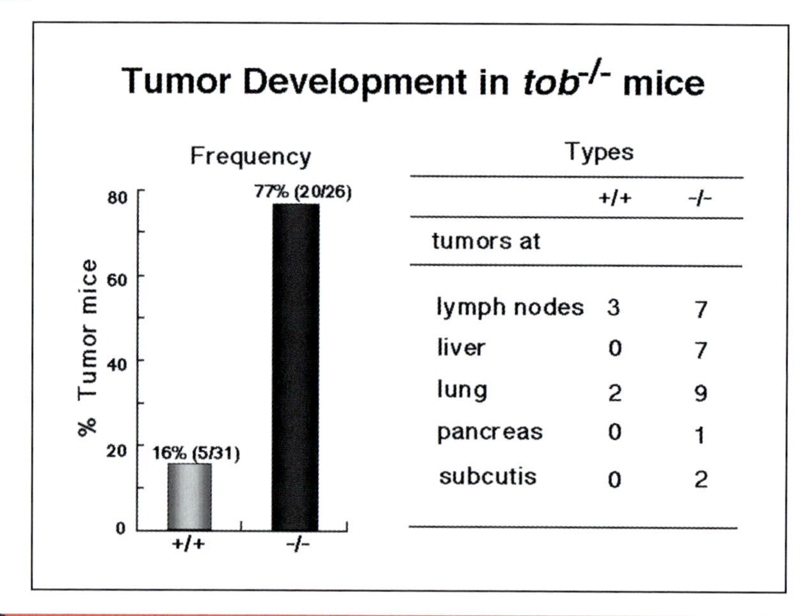

Transcript

Sixteen percent of wild-type mice exhibited tumors by 18 months of age. In contrast, 77% of *tob*-null mice exibited tumors by this point. Tumors developed in *tob*-null mice were observed in lymph nodes, liver, lung, pancreas, and subcutis. These data suggest that *tob* acts as a tumor suppressor gene in many tissues.

Translation

野生型マウスの場合，その16％が18カ月齢までに腫瘍を発生しました．一方，*tob* ヌル（欠損）マウスでは，その77％に，この時点までに腫瘍ができていました．*tob* ヌルマウスの腫瘍は，リンパ節，肝臓，肺，膵臓，皮下組織でみられました．これらのデータは，*tob* は，多くの組織において，腫瘍抑制遺伝子として機能していることを示唆しています．

MEMO

- Sixteen：文頭では数字で16とはせずに読み方で記す．
- unll と deficient：両者ともに欠損の意味で用いられるが，deficient の方がよりフォーマルな表現．
- data：data は datum の複数形であるが，不可算名詞として扱われる傾向が強い．The data is ….という使い方をする．一方で These data are …. という言い方も用いられている．

7：*tob* 欠損マウスにおける化学発癌剤による高頻度な肝臓癌の誘導

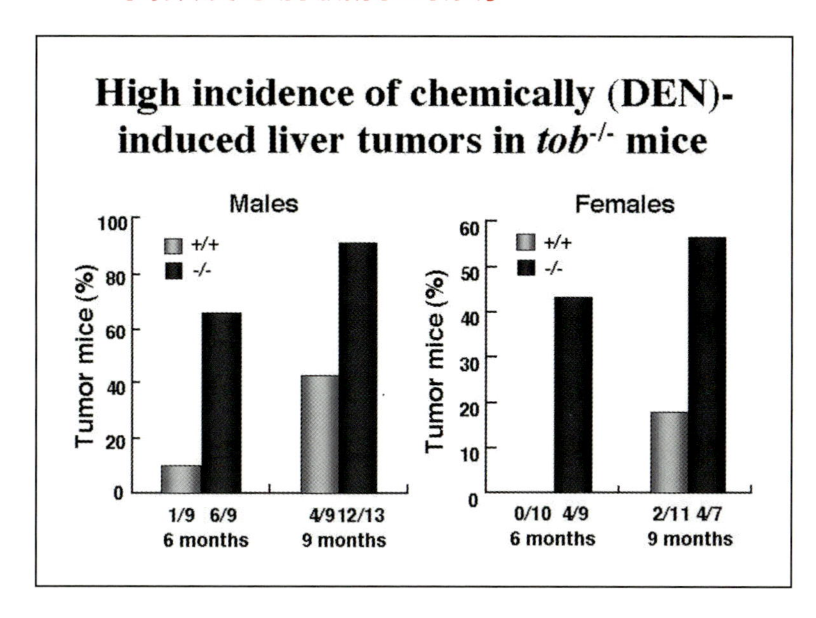

Step 3 学会での発表例

Transcript

3-07

Next, we examined whether a liver specific carcinogen, diethylnitrosoamine (DEN), causes liver tumors more frequently in *tob* null mice than in wild-type mice. We injected DEN into 15-day-old mice intraperitoneally. After 6 and 9 months, we analyzed their livers macroscopically. As shown here, DEN led to more liver tumors in *tob* null mice than in controls. Our result demonstrates that Tob inhibits the development of spontaneous and chemically induced liver tumors.

達成度
□★
□★★
□★★★

Translation

次に，肝臓特異的発癌剤であるジエチルニトロソアミン（DEN）が，野生型マウスと比較して，より頻繁に *tob* 欠損マウスに肝臓癌を引き起こすかどうか検討しました．まず，DEN を 15 日齢マウスの腹腔内に注射し，6 カ月後，および 9 カ月後に，肝臓を肉眼で観察しました．ここに示されているように，DEN は対照群に比べ，*tob* 欠損マウスにより高頻度で肝臓腫瘍が誘導しました．これらの結果は，Tob が自然発生的肝臓腫瘍および化学的誘導による肝臓腫瘍の発生を抑制していることを証明しています．

8：$tob^{-/-}$ $p53^{-/-}$二重欠損マウスの癌化能の増大

Increased tumor susceptibility in $tob^{-/-}$ $p53^{-/-}$ mice

	tumor mice	hydrocephalus	total
wild-type	0%	0%	0% (0/33)
$tob^{-/-}$	8% (3/39)	0%	8% (3/39)
$p53^{-/-}$	59% (17/29)	0%	59% (17/29)
$tob^{-/-}$ $p53^{-/-}$	81% (30/37)	8% (3/37)	89% (33/37)

Transcript

One of the best characterized mouse models for tumor development, is the *p53*-deficient mouse. To investigate the relationship between Tob and p53 on tumor expression, we generated *tob* and *p53* double-deficient mice. This table shows that whereas 59% of p53-deficient mice showed tumor development within 6 months, tumor incidence increased to 81% in *tob* and *p53* double-deficient mice. Furthermore, one double-deficient mouse developed glioblastoma in the brain, something we did not observe in mice deficient in *p53* alone. These data suggest that inactivation of both Tob and p53 together increases the risk of tumor formation significantly more than inactivation of either gene individually.

Although I will now move on to another phenotype of *tob*-dificient mice, more detailed data about tumor suppression by Tob will be presented by Dr. Nakamura in the poster session.

Translation

腫瘍の形成に関して最もよく研究されているマウスモデルは，p53欠損マウスです．腫瘍発生におけるTobとp53の関係を調べるため，われわれは*tob*と*p53*を共に欠損した二重欠損マウスを作製しました．この表は，*p53*欠損マウスのうち59％が6カ月で腫瘍が発生したことを示しています．一方，*tob*と*p53*の二重欠損マウスでは，腫瘍発生率が81％に上昇しました．さらに，ある*tob*，*p53*二重欠損マウスでは，脳においてグリア芽腫が発生していました．このような芽腫はp53欠損マウスでは今まで観察したことがありません．これらのデータは，Tobとp53が単独でそれぞれ不活化されたときに比べ，共に不活化されたときに癌形成のリスクがより増大することを示唆しています．

次に，*tob*欠損マウスの別のフェノタイプ（表現型）の話に移りますが，*tob*による癌抑制に関するより詳細なデータに関しては，ポスターセッションで中村博士が発表されます．

この表のデータで注目すべきは，$tob^{-/-}$と$p53^{-/-}$，それぞれ単独の欠損による癌になり易さの割合の総和（67％）よりも二重欠損マウスにおける癌発生率の方がはるかに高い（89％）点である．

9 ： *tob*欠損マウスにおける骨量の増大

Higher bone mass in *tob*-deficient mice

+/+ -/-

Transcript

3-09

達成度
□★
□★★
□★★★

Another phenotype we found in *tob*-deficient mice is a greater bone mass compared with wild-type mice. This slide shows Villanueva Goldner-stained sections of tibiae from 9-month-old wild-type and *tob*-deficient mice. Green areas indicate bone. As shown here, trabecular bone mass was increased in *tob*-deficient mice compared with that in wild-type mice.

Translation

*tob*欠損マウスにおいて，見つかった別の表現型は，野生型マウスに比べて骨量がより大きいというものでした．このスライドは９カ月齢の野生型マウスと*tob*欠損マウスの脛骨のVillanueva Goldner染色による切片を示しています．緑の部分は骨を示します．ここで示されているように，*tob*欠損マウスでは骨梁骨の骨量が野生型に比べて増加していました．

MEMO

スライドがカラーでないため，この図では骨量増加の度合いが明瞭でないが，この点に関して，Slide10以降で詳細に解析を行っているので，そちらを参照してほしい．

10：骨梁骨における骨のリモデリング

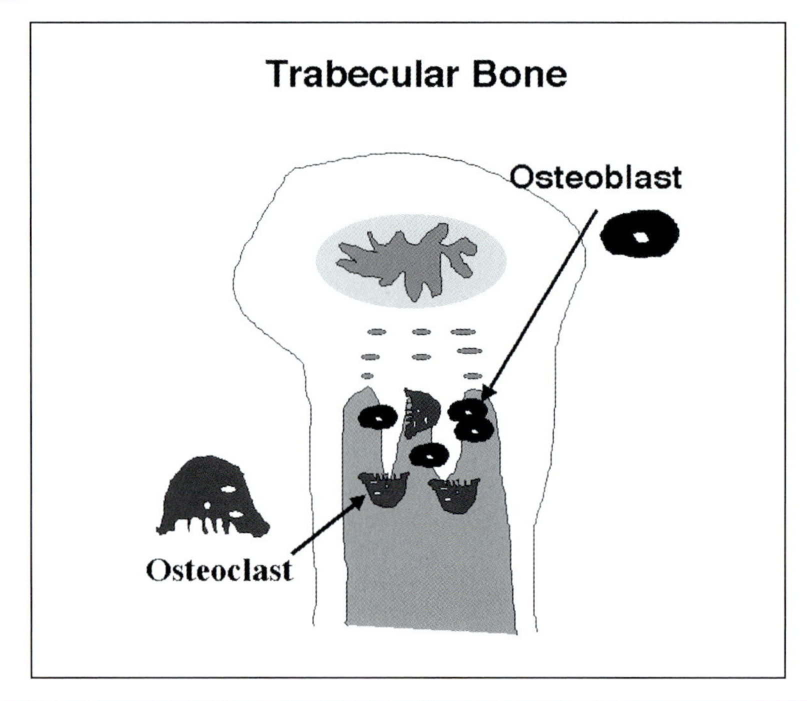

Transcript

達成度
□★
□★★
□★★★

This shows a cartoon of trabecular bone remodeling. Bone remodeling is accomplished by precise coordination of two cell types, osteoblasts and osteoclasts. Osteoblasts generate calcified bone matrix, and osteoclasts resorb it. Deregulation of bone remodeling leads to metabolic bone disease. Osteoporosis is characterized by reduced bone density and osteopetrosis is a contrasting bone remodeling disorder characterized by increased bone density.

Translation

このスライドは骨梁骨のリモデルリング（再構築）の模式図です．骨のリモデルリングは２つのタイプの細胞，破骨細胞と骨芽細胞の協調により，精密に制御されています．骨芽細胞はマトリックスを石灰化して，破骨細胞はその骨吸収を行っています．この骨のリモデリングがうまく機能しない場合，骨代謝異常の病気となります．骨粗鬆症は骨密度の減少という特徴をもち，大理石骨病は，骨密度の増加という特徴をもった対照的な骨のリモデルリング疾患です．

MEMO

bone remodeling〔骨のリモデリング（再構築）〕：骨形成に際して，骨芽細胞（osteoblast）による骨の形成が開始するためには，まず破骨細胞（osteoclast）により，骨吸収（bone resorption）が起こらなければならないと考えられている．

11 ：骨の組織形態計測学的解析

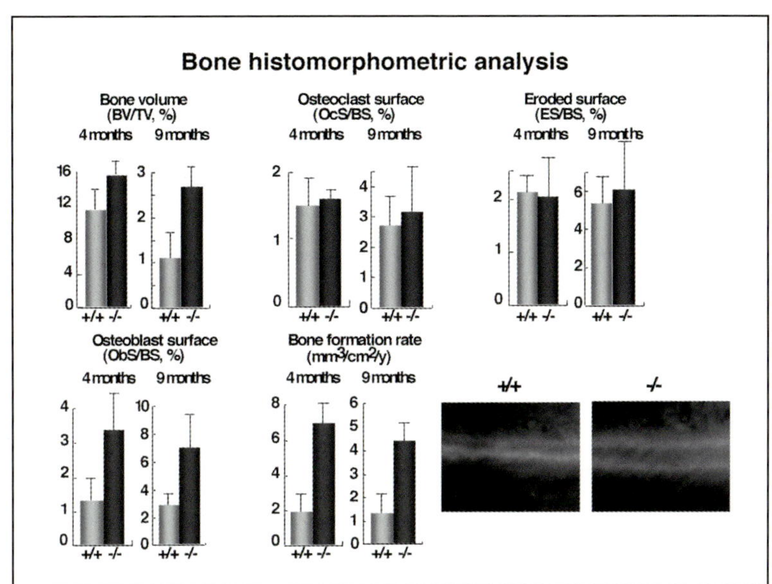

Transcript

To determine whether the increase in trabecular bone mass in *tob*-deficient mice was due to altered bone remodeling, we examined the number and function of osteoblasts and osteoclasts *in vivo*. As shown here, bone density was increased in *tob*-deficient mice compared with that of wild-type mice. The osteoclast surface and eroded surface in *tob*-deficient mice were about the same as in wild-type littermates, suggesting that increased bone mass in *tob*-deficient mice was not due to reduced osteoclast numbers or impaired osteoclast function. In contrast, the osteoblast surface was increased significantly in *tob*-deficient mice. Furthermore, as compared with wild type, the bone formation rate was increased in the long bones of *tob*-deficient mice. Thus, we concluded that the increased bone mass in *tob*-deficient mice was due to increased numbers of osteoblasts and acceleration of the rate of bone formation.

達成度

□★

□★★

□★★★

Translation

*tob*欠損マウスにおける骨梁骨の増加が，リモデルリングの変化によるものであるかどうかを調べるために，*in vivo*における，骨芽細胞と破骨細胞の数と機能を調べました．ここに示されているように，野生型マウスに比べて，*tob*欠損マウスでは骨密度が増加していました．*tob*欠損マウスの破骨細胞表面積や骨吸収されている表面積は，野生型の同腹仔のものとほぼ同等でした．これは，*tob*欠損マウスにおける骨量の増加は，破骨細胞の減少や機能障害によるものではないことを示唆しています．対照的に，*tob*欠損マウスの骨芽細胞表面積は有意に増加していました．さらに，野生型に比べ，長管骨での*tob*欠損マウスの骨形成率は増大していました．このように，*tob*欠損マウスの骨量の増加は骨芽細胞数の増加と，骨形成率の加速によるものであるとわれわれは結論づけました．

MEMO

BV：bone volume，TV：total volume，OCS：osteoclast surface，BS：bone surface，ES：eroded surface，Obs：osteoblast surface，$mm^3/cm^2/y$：1年間に1 cm^2にできる骨の体積（mm^3）

12：骨原基における *tob* mRNA 発現

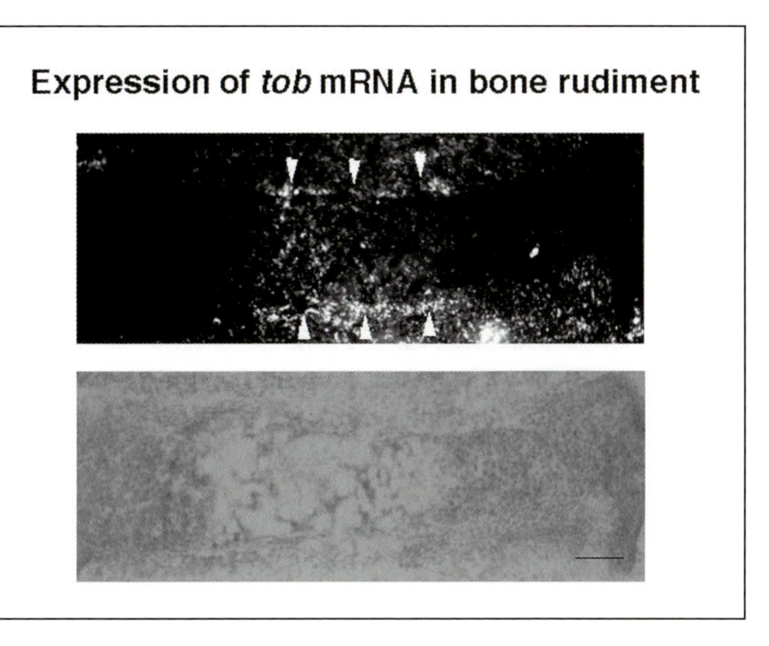

3-12

Next, we examined *tob* expression in developing limbs from 18.5-day embryos by *in situ* hybridization. Significant *tob* expression was detected in the periosteum of the bone, as shown here. These are the regions where bone is initially formed. The data suggest that *tob* was enriched in osteoblasts.

達成度

□★

□★★

□★★★

Translation

次に，18.5日胚の発生途上の胎児の四肢を用いて，*in situ*ハイブリダイゼーション解析により，*tob*の発現を検討しました．ここに示されているように，有意な *tob* 発現が骨膜で観察されました．これらの部域は骨が最初に形成される領域です．このデータはTobが骨芽細胞に豊富に存在していることを示唆しています．

MEMO

in situ ハイブリダイゼーション：組織切片を用いて行うハイブリダイゼーションの方法．"*in situ*"とは，その場所で（この場合，切片上で）という意味．

13：骨芽細胞における *tob* mRNA の発現

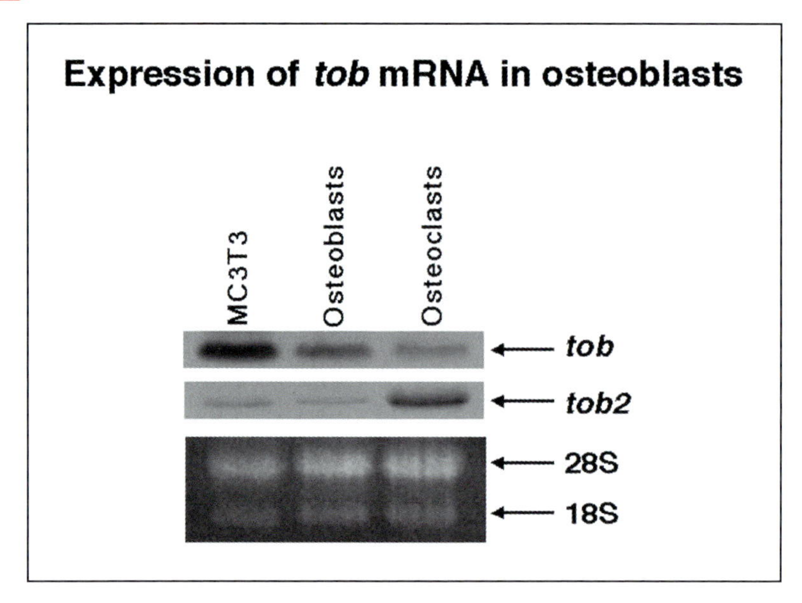

達成度

Transcript

Northern blot analysis showed that *tob* is expressed by calvaria-derived osteoblasts and osteoblastic cell line MC3T3 cells. In contrast, a relatively low level of *tob* mRNA was expressed by osteoclasts. These data indicate that Tob functions in osteoblasts.

Translation

ノーザンブロット解析から，頭蓋冠由来の骨芽細胞と骨芽細胞株であるMC3T3で，*tob*が発現していることをがわかりました．これに対し，破骨細胞では相対的に低い量の *tob* mRNA が発現していました．これらのデータはTobが骨芽細胞で機能していることを示しています．

14 ：骨芽細胞の前駆細胞 2T3 における BMP2 による *tob* mRNA の誘導

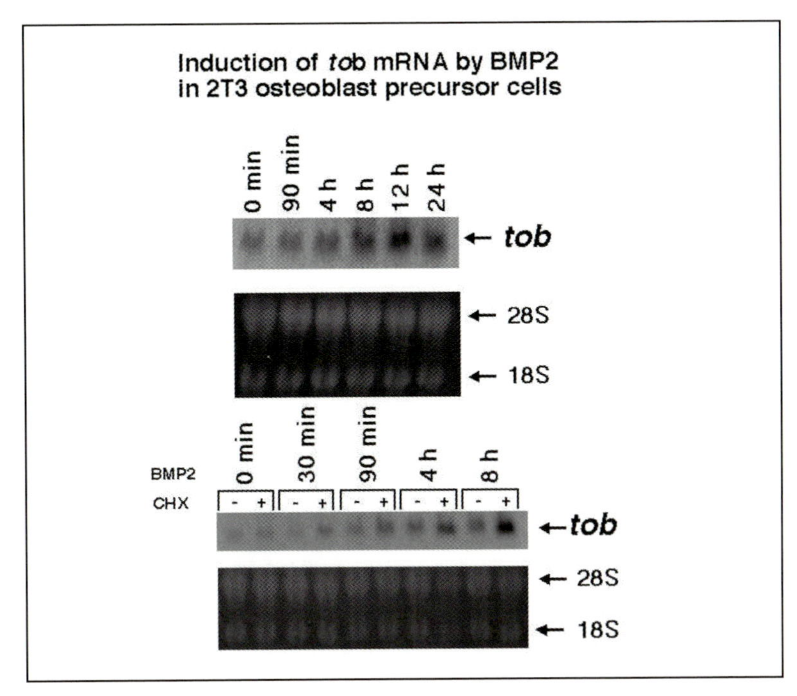

Step 3 学会での発表例

Transcript

3-14

BMP belongs to the transforming growth factor-β superfamily and BMP is implicated in osteoblast proliferation and differentiation. We, therefore, examined whether expression of *tob* is affected by BMP2. We used 2T3 calvaria-derived osteoblast precursor cells, which differentiate into mature osteoblasts upon BMP2 stimulation. As shown here, *tob* mRNA was rapidly induced in response to BMP2 stimulation, suggesting that Tob is involved in the negative feedback regulation of BMP2 signaling and that Tob negatively regulates BMP2-induced osteoblast proliferation and differentiation.

達成度

□★

□★★

□★★★

Translation

BMP はトランスホーミング増殖因子 β（TGF β）スーパーファミリーに属しており，骨芽細胞の増殖と分化に関与していると考えられています．このため，われわれは，*tob* 発現が BMP2 によって影響されるか否かを検討しました．（この実験で）われわれは，頭蓋冠由来の骨芽細胞の前駆細胞 2T3 を用いました．この細胞は，BMP2 刺激により成熟した骨芽細胞に分化します．ここで示されているように，*tob* mRNA は BMP2 刺激により，すばやく誘導されました．この結果は，Tob が BMP2 シグナリングのネガティブ・フィードバック制御に関与していることを示唆し，さらに，Tob が，BMP2 により誘導される骨芽細胞の増殖と分化をネガティブに制御していることを示唆しています．

BMP ：bone morphogenic protein（骨形成タンパク質）

Slide 15：*tob* 欠損マウスの頭蓋冠由来細胞における BMP2 誘導性 ALP 活性の上昇

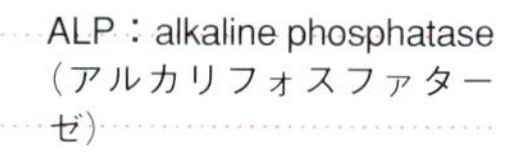

ALP：alkaline phosphatase（アルカリフォスファターゼ）

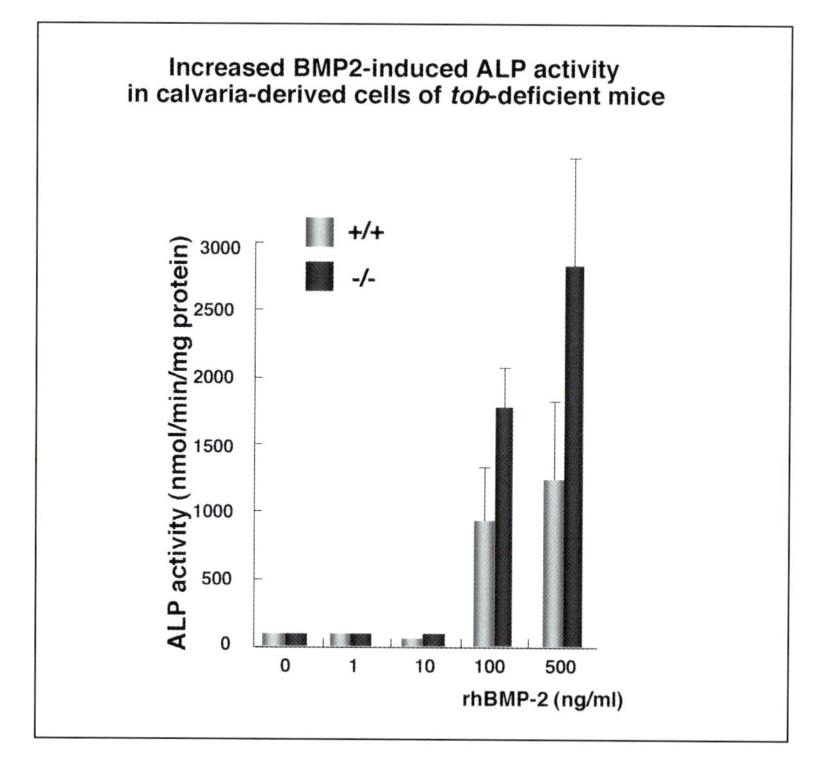

rhBMP-2：recombinant human BMP-2（遺伝子組換え技術により得たヒト由来 BMP-2）

Transcript

To test whether Tob negatively regulates BMP2-induced osteoblast differentiation, calvaria-derived immature osteoblasts of wild-type or *tob*-deficient mice were exposed to BMP2 for 7 days, and the alkaline phosphatase activities were examined as a marker of osteoblast differentiation. As shown here, BMP2-induced alkaline phosphatase activity was elevated in the absence of Tob in comparison to that in the presence of Tob. These data suggest that Tob negatively regulates BMP2-induced osteoblast differentiation.

in comparison to：比較する時の表現法．典型的な表現がいくつかある．
in comparison with：「～と比較して」の意味．"as compared with", "when (A is) compares with B" という言い方もある．

Translation

BMP2によって誘導される骨芽細胞分化が，Tobによりネガティブに制御されるかどうかを調べるために，野生型と *tob* 欠損マウスの頭蓋冠由来の未成熟骨芽細胞を7日間BMP2存在下で培養し，骨芽細胞分化のマーカーとしてのアルカリホスファターゼ活性を調べました．ここで示されているように，BMP2によって誘導されたアルカリホスファターゼ活性は，Tob存在下に比べ，非存在下で上昇していました．これらのデータから，TobはBMP2により誘導される骨芽細胞分化をネガティブに制御していることが示唆されます．

16：BMP2により誘導される *tob* 欠損マウス頭蓋冠由来細胞の増殖能の昂進

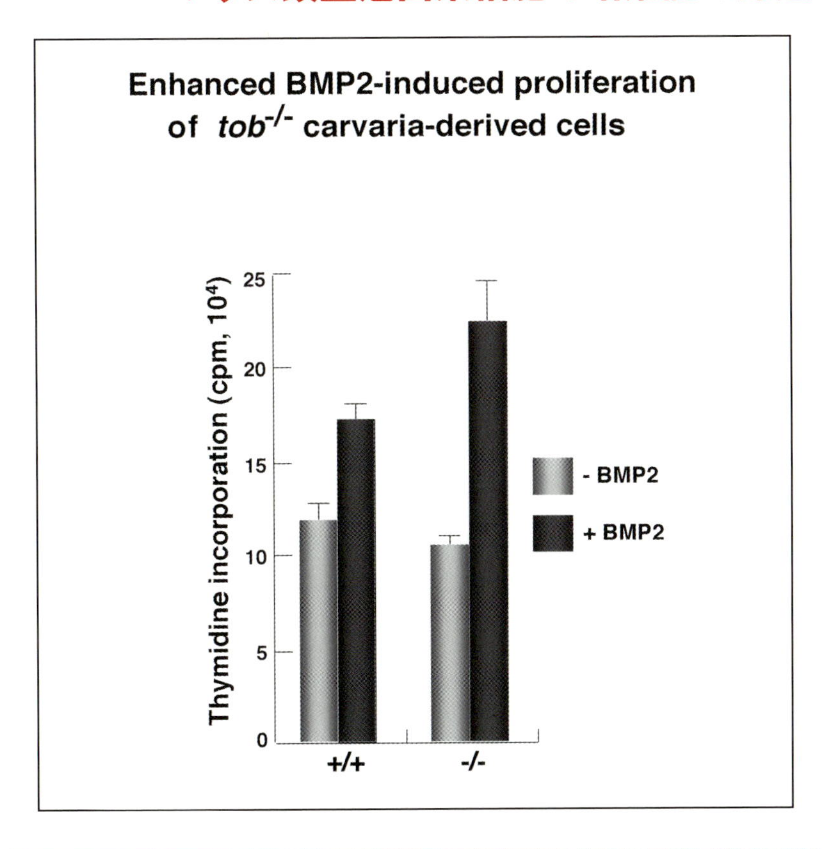

Transcript

BMP2 induces both proliferation and differentiation of osteoblast progenitor cells. Therefore, we next examined the effect of Tob on mitogenic activity. As you can see, BMP2-stimulated DNA synthesis in *tob* deficient cells was enhanced compared with wild-type cells. Therefore, we conclude that Tob negatively regulates both BMP2-induced proliferation and differentiation of osteoblasts.

Translation

BMP2は骨芽細胞の前駆細胞の分化そして増殖を誘導します．このため，われわれは次にマイトジェン活性（細胞分裂促進活性）に対するTobの影響に関して検討しました．ご覧になって分かるように，BMP2刺激によるDNA合成は，野生型に比べて，*tob* $^{-/-}$ 細胞で高められています．したがって，TobはBMP2誘導による骨芽細胞の増殖と分化の両方をネガティブに制御していると，われわれは結論しています．

As you can see：「（結果をご覧になって）おわかりのように」．この種の言い回しは，論文や発表で非常によく用いられている．同じ表現だと変化がないため，同じ意味のさまざまな表現が用いられる．よく用いられる例として以下のものがある．
“As you can see here（または in this figure/panel），…”，“As shown in this figure,…”，“As indicated in this figure,…”，“As depicted in this figure（schematic model），…”，“As is shown here,…”，“As illustrated here,…”

17：頭蓋冠へのBMPの注射

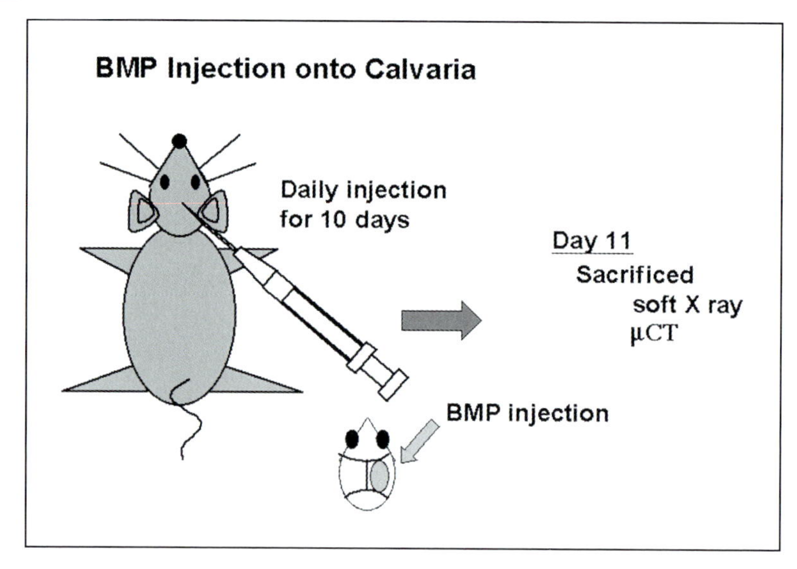

達成度
- □★
- □★★
- □★★★

Transcript

To assess the effect of Tob on BMP2-induced bone formation *in vivo*, BMP2 was injected onto the center of the calvarium of 3-day-old wild-type and *tob* deficient mice. Injections were carried out daily for 10 days, and animals were sacrificed on the day following the last injection.

Translation

BMP2誘導性の*in vivo*での骨形成へのTobの影響を評価するために，3日齢の野生型と，*tob*欠損マウス頭蓋冠の中央にBMP2を注射しました．注射は10日間毎日行い，最後に注射した次の日に，マウスを解析に使用しました．

MEMO

- soft X ray：軟X線（相対的に波動が長く透過性が弱いX線）
- μCT：マイクロCTスキャン（石灰化の度合いなどを調べるために使用される）

18：BMP2により新たに誘導される *tob*欠損マウスの骨形成の増加

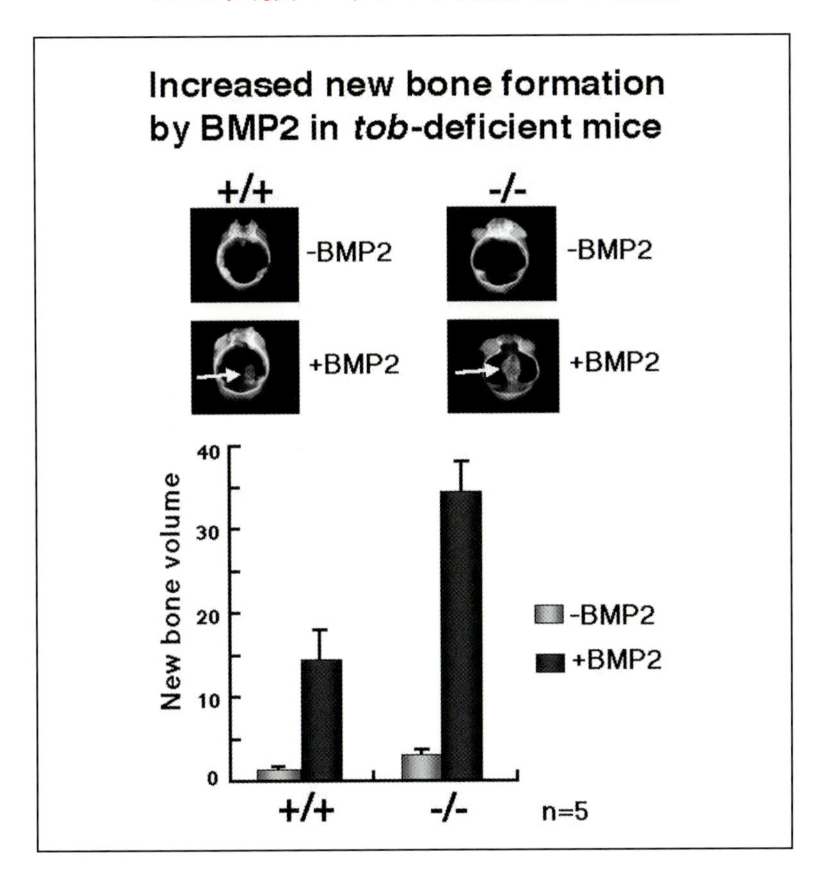

Step 3 学会での発表例

Transcript

3-18

This area indicated by an arrow shows BMP2-induced new bone formation in wild-type mice. As shown here, BMP2-induced bone formation was increased in *tob*-deficient mice compared with wild-type mice. These data demonstrate that Tob negatively regulates BMP2-induced bone formation *in vivo*.

達成度
□★
□★★
□★★★

Translation

（スライドの中の４つの写真うち左下の写真中の）矢印で示されているこの部分が野生型マウスでBMP2によって誘導された新たな骨形成を示します．ここに示されているように，BMP2誘導による骨形成は野生型マウスに比べて，*tob*欠損マウスでは増加しています．これらのデータは，Tobが *in vivo* でBMP2による骨形成をネガティブに制御していることを証明しています．

19 ：BMP シグナル伝達経路

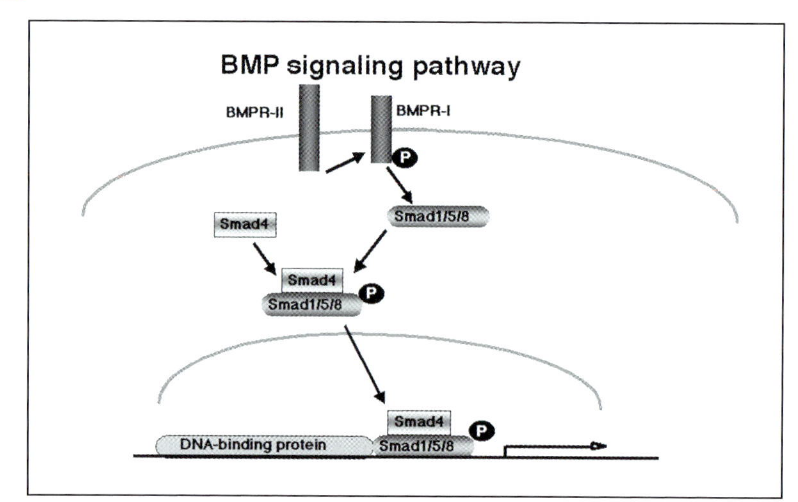

達成度
□★
□★★
□★★★

Transcript

This slide illustrates the BMP signaling pathway. After BMP-stimulation, BMP-receptor phosphorylates Smad1, 5, 8. The phosphorylated Smad1, 5, 8 protein then binds to Smad4 and enters the nucleus. In the nucleus, Smad proteins function as effectors of BMP signaling by regulating transcription of specific genes.

To address whether ectopic expression of Tob represses the activity of Smad proteins, we monitored luciferase expression from a suitable reporter construct.

Translation

このスライドは，BMP シグナル経路を示しています．BMP 刺激の後，BMP 受容体は Smad1，5，8 をリン酸化します．次にリン酸化された Smad1, 5, 8 は Smad4 と結合し，核内に移行します．核内で，Smad タンパク質は，特定の遺伝子群の転写を制御することにより，BMP シグナリングのエフェクターとして機能します．

Tob の異所性発現が，Smad タンパク質の活性を抑制するかどうかの問題を解決するために，適当なレポーターコンストラクトを用いてルシフェラーゼ発現を調べました．

MEMO

・"ectopic expression of Tob" は "expression of exogenous *tob* gene" と同じ意味（異所性発現）で用いられている．exogenous はゲノムに内在している遺伝子（endogenous gene）ではなく，外から導入した遺伝子を指す．

・BMPR ：BMP recepter

20：Tobタンパク質によるBMP2/Smadシグナルの抑制

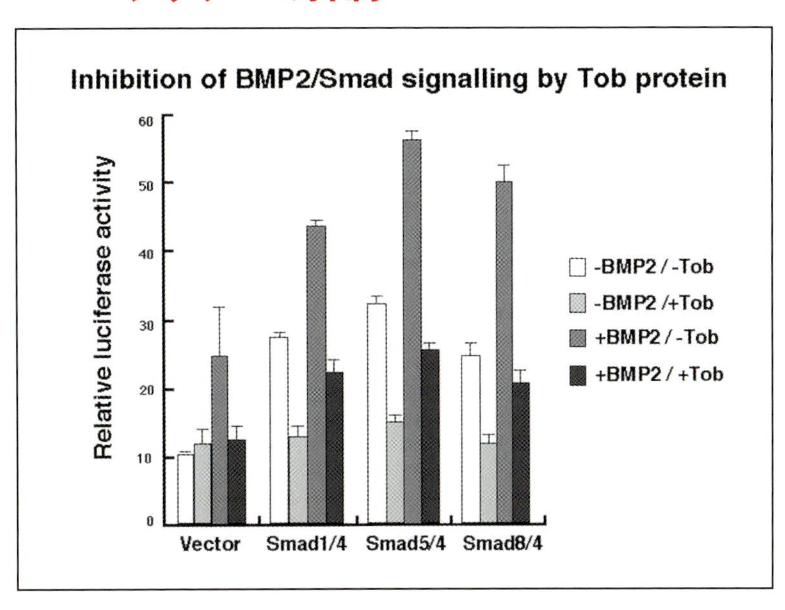

Transcript

3-20

We used BMP2 responsive C2C12 cells and a BMP2-responsive reporter plasmid containing 4 Smad binding elements. As shown here, BMP2 stimulates luciferase expression. This BMP2-triggered stimulation was blocked by cotransfection with the Tob expression vector. Ectopic expression of Smad 1 and 4 increased the responsiveness of the reporter plasmid. This ectopic Smad-dependent activation was again repressed by exogenously expressed Tob. Furthermore, BMP2 stimulated luciferese activity as shown here. Tob suppressed this activation. These results suggest that Tob modulates BMP2 signaling by suppressing the activity of Smad proteins.

達成度
□★
□★★
□★★★

Translation

（この実験で）われわれは，BMP2に応答するC2C12細胞と，4つのSmad結合エレメントを含むBMP2応答レポータープラスミドを用いました．ここに示されているように，BMP2はルシフェラーゼ発現を促進しましたが，このBMP2がトリガー（引き金）となる刺激は，Tob発現ベクターを一緒にトランスフェクション（コトランスフェクション）することにより阻害されました．Smad1，4の異所性発現によってレポータープラスミドの応答性が高まりましたが，この異所性のSmad依存性活性化は，外因性のTob発現によって抑制されました．さらに，BMP2はここに示されているように，ルシフェラーゼ活性を促進し，Tobはこの活性化を抑制しました．これらの結果は，TobがSmadタンパク質を抑制することにより，BMP2シグナリングを調節していることを示唆しています．

exogenously expressed Tob：*tob*遺伝子をトランスフェクションにより導入することにより発現したTobタンパク質．

21 ：BMP シグナル伝達経路

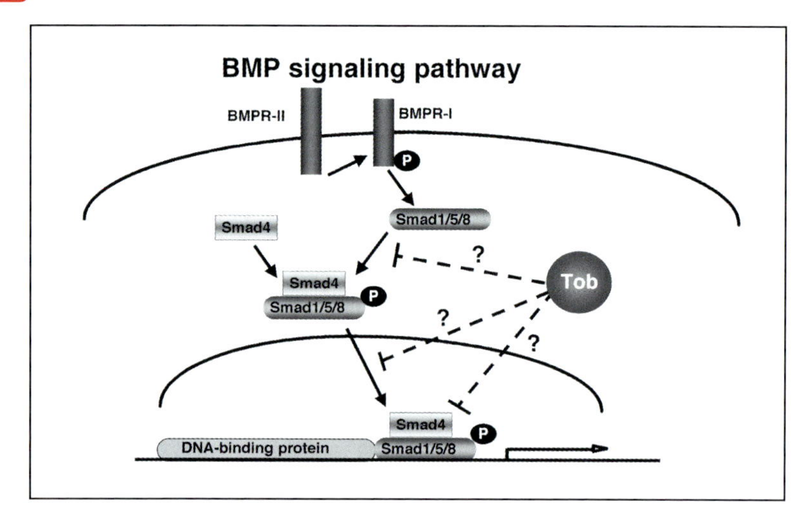

Transcript

As I showed two slides ago, Smad proteins are all that's known to mediate signal transduction between the BMP-receptor and the nucleus. Therefore, we postulated that Tob could suppress BMP signaling by interacting with Smad proteins. To test this possibility, we performed coimmunoprecipitation experiments.

Translation

２つ前のスライドで言及しましたように，BMP 受容体と核の間を介在しているものとしては，Smad タンパク質のみが知られています．したがって，われわれは Tob が Smad タンパク質と相互作用することによって，BMP シグナリングを抑制すると仮定しました．この可能性を検討するために，共免疫沈降実験を試みました．

MEMO

・coimmunoprecipitation：共免疫沈降（免疫共沈降）．抗原に対する抗体を用いて免疫沈降を行い，抗原に結合しているタンパク質も一緒に沈降させるテクニック．

22：Tob タンパク質と Smad1 との相互作用

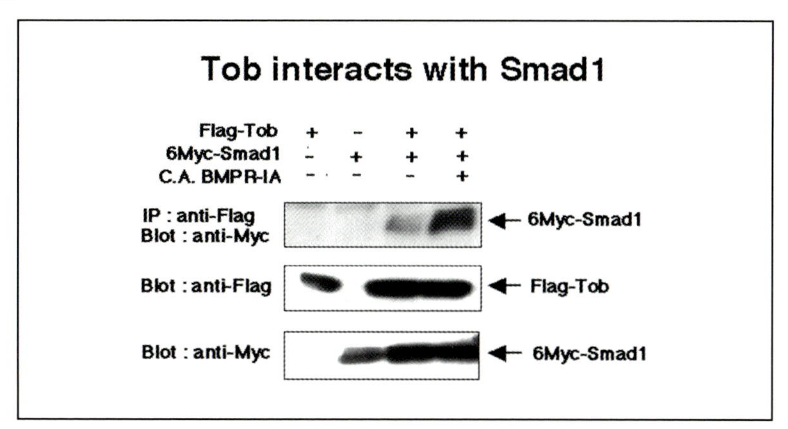

Blot：anti-Flag と Blot：anti-Myc は免疫沈降をせずに細胞のライセートをそれぞれの抗体でイムノブロットしたもの

Transcript

3-22

Flag-tagged Tob and 6Myc-tagged Smad1 expression vectors were transfected into COS7 cells. The lysates were subjected to anti-Flag immunoprecipitation followed by immunoblotting with anti-Myc antibodies. As shown here, 6Myc-Smad1 was coimmunoprecipitated with Flag-Tob. The level of coimmunoprecipitation was enhanced by the active form of the BMP receptor type ⅠA, suggesting that the interaction between Tob and Smad1 was facilitated by activation of BMP signaling. Although I do not show the data, Tob also interacted with Smad 5 and 8.

達成度
□★
□★★
□★★★

Translation

Flag で標識化された Tob と 6Myc で標識化された Smad1 発現ベクターを COS7 細胞にトランスフェクションしました．細胞のライセートを抗 Flag 抗体を用いて免疫沈降し，次いで，抗 Myc 抗体でイムノブロットを行いました．ここに示されているように，6Myc-Smad1 は Flag-Tob と共免疫沈降しました．この 6Myc-Smad1 の共免疫沈降レベルは BMP レセプター型ⅠA の活性型によって高められています．このことは，Tob と Smad1 の相互作用が，BMP シグナルリングの活性化によって促進されることを示唆しています．データは示しませんが，Tob は Smad5，8 とも相互作用しました．

MEMO

- immunoblotting：ここでは，anti-Flag で免疫沈降したサンプルをウエスタンブロットし，このフィルターを anti-Myc をプローブとして用い，共沈してきた 6Myc-Smad1 の量を調べている．
- Although I do not show the data,：「データはお示ししませんが」の意味．他に以下のような表現を用いることもある．
  Although the data is not shown here,
  Although I wouldn't have time to show you the data,
  Our data, not shown here, indicated that,…

23：TobによるSmadシグナル伝達経路の阻害

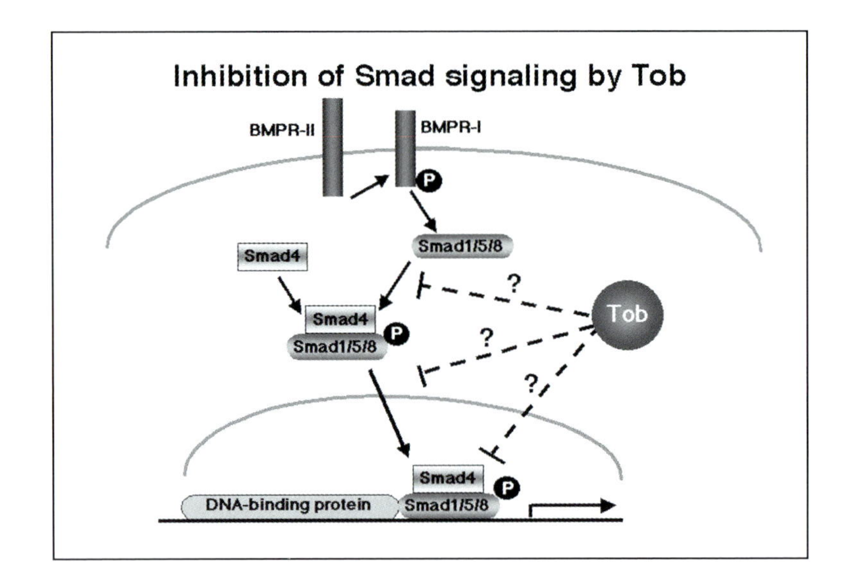

Transcript

There are several possible ways in which Tob might inhibit Smad activity.

Tob did not inhibit hetero-oligomerization of Smad1, 5, 8 with Smad4. Therefore, we examined the effect of Tob on the subcellular localization of Smad proteins in the absence or presence of BMP2.

Translation

TobがSmad活性を抑制する方法としてはいくつか考えられます．TobはSmad1，5，8とSmad4とのヘテロオリゴマー化を抑制しませんでした．したがって，われわれはBMP2の存在下および非存在下でのSmadタンパク質の細胞内局在に対するTobの影響を検討しました．

MEMO

図のTobからの経路の破線の末端に棒がついているが，これはシグナル伝達経路を阻害するという意味で，通常使用されている記号である．

24 ：Tobによる Smad1 局在化の制御

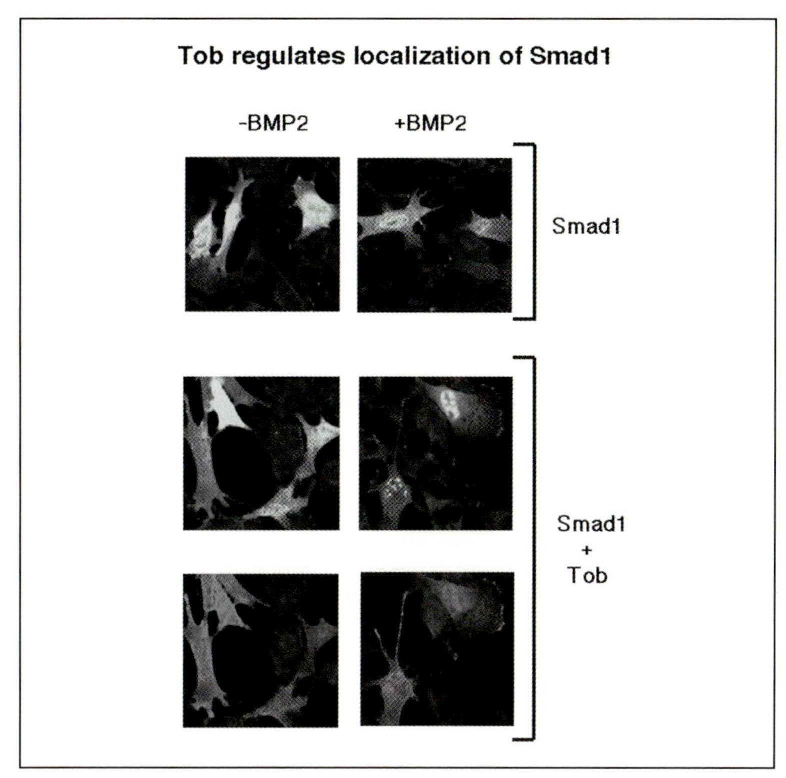

Step 3 学会での発表例

Transcript

3-24

When Smad1 was expressed exogenously in C2C12 cells, Smad1 was located in both the nucleus and cytoplasm. After BMP2 stimulation, Smad1 translocated into the nucleus. When Tob was coexpressed, Smad1 localized to the nuclear bodies after BMP2 stimulation. In the nuclear bodies, transcription is positively or negatively regulated. Furthermore, some Smad-binding coactivators or corepressors, such as P300, Ski and HDAC, localize to the nuclear bodies. Therefore, we think that Tob negatively regulates Smad-mediated transcription in the nuclear bodies.

達成度
□★
□★★
□★★★

exogenously：exogenous *smad1* gene でという意味．Slide19 の MEMO 参照

Translation

遺伝子導入により，異所性のSmad1がC2C12細胞で発現した時，Smad1は核と細胞質の両方に局在しました．そしてBMP2刺激後，Smad1は核に移行しました．Tobが共発現した場合，BMP2刺激後，Smad1は核小体に局在化しました．核小体において，転写はポジティブまたはネガティブに制御されています．さらに，P300，Ski，HDACのようないくつかのSmad結合コアクチベーターあるいは，コリプレッサーは核小体に局在しています．したがって，Tobは，核小体でSmad介在性の転写をネガティブに制御しているとわれわれは考えています．

25：核内のTobによるSmadシグナル伝達経路の阻害

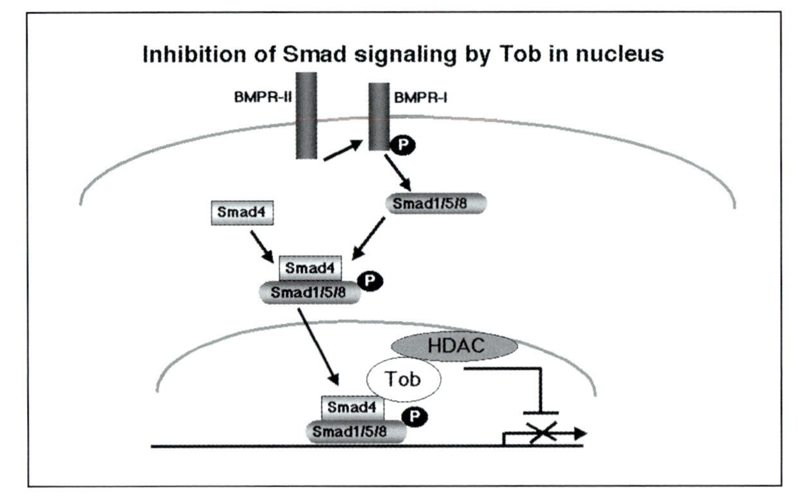

□★
□★★
□★★★

On the basis of …：「〜に基づき」の意味．他に，"Based on our data (presented here)，…"，"Taken together all of our data，…"，"From the data we have presented here，…" などの言い方がある．

This is a summary slide. On the basis of our results, we propose a model of regulation of BMP signaling by Tob. BMP induces activation and nuclear translocation of R-Smads, which results in transcriptional activation of various genes, including the genes that stimulate proliferation and differentiation of osteoblasts. The *tob* gene is also induced in response to BMP2. Consequently, Tob accumulates in the nucleus and recruits R-Smads to nuclear bodies. This initiates a negative feedback mechanism, allowing a precise and timely regulation of BMP signaling and thus proper bone formation. Thus, in osteobalsts, Tob negatively regulates Smad-mediated transcription. In addition to inhibiting Smad-mediated transcription, we think that Tob affects a variety of transcriptional machineries to suppress tumorgenesis.

Translation

このスライドは要約です．われわれが得た結果に基づき，TobによるBMPシグナリングの制御モデルを提唱します．BMPはR-Smadの活性化と核移行を誘導し，この結果，骨芽細胞の増殖と分化を促進させる遺伝子群を含む，さまざまな遺伝子の転写活性化が起こります．BMP2に反応して，*tob*遺伝子もまた誘導されます．この結果，必然的に，Tobは核内に蓄積され，R-Smadを核にリクルートします．このことによりネガティブ・フィードバック機構が開始され，BMPシグナリングの精密で，時宜を得た制御が行われ，そして骨形成の制御が行われます．このように，骨芽細胞において，TobはSmad介在性転写をネガティブに制御します．なお，Smad介在性転写の阻害以外に，Tobは，腫瘍形成を抑制するためのさまざまな転写機構に影響を与えているとわれわれは考えています．

26 ：共同研究者の紹介

IMSUT
Yutaka Yoshida
Junko Tsuzuku
Toru Suzuki
Takahisa Nakamura
Rieko Ajima
Eri Hosoda
Makoto Watanabe
Takashi Miyasaka
Tadashi Yamamoto
Shigeo Mori

RIKEN
Shunsuke Ishii

Cancer Institute
Tetsuo Noda

University of Tokyo
Kohei Miyazono
Sakae Tanaka

Tokyo Medical and Dental U.
Masaki Noda

Kureha Chemical Institute
Hideyuki Yamato

Saitama Cancer Institute
Masami Suganuma
Hirota Fujiki

Transcript

This slide lists my collaborators. Thank you for your attention.

3-26

達成度
□★
□★★
□★★★

Translation

このスライドは共同研究者のリストです．　ご静聴，ありがとうございました．

MEMO

通常，発表の最後にこのような言葉を言う．最後の"Thank you"の言い方については，Step2-1 8.おわりの挨拶（43 頁）を参照．

Step 3 学会での発表例

Step 3 学会での発表例

Practice-2
体細胞クローニング技術の開発

～体細胞核移植によるウシ再構築胚の *in vitro* 発生～

この内容は2004年3月8日～11日に沖縄県名護市で開催された第4回環太平洋不妊学会（The 4th Conference of the Pacific Rim Society for Fertility and Sterility）にて発表された佐伯和弘氏の講演を元に再構成したものです．

Title

Effects of Cell Cycle Control Methods on Donor Somatic Cell Gene Expression and In Vitro Development of Bovine Reconstructed Embryos

（ドナー体細胞遺伝子発現とウシ再構築胚の *in vitro* 発生に対する細胞周期制御法の影響）

K Saeki[1, 2], A Kasamatsu[1], T Tamari[1], M Maeda[1], C Okamoto[1], K Shirouzu[1], S Taniguchi[3], T Mitani[1, 2], K Matsumoto[1, 2], Y Hosoi[1, 2] and A Iritani[1, 2]
[1]Institute of Advanced Technology, [2]Department of Genetic Engineering,Kinki University

リスニングのポイント

クローン羊Dollyの発表（Ian Wilmut, 1997）以降，哺乳動物個体の体細胞クローニングテクニックは着実に進歩し，現在，マウス，ラット，ウシ，ブタ，ネコ，イヌ等でのクローニングの成功が報告されている．ヒトの場合，クローニングは禁止されているが，再生医療を目的としたヒトクローン胚作製の試みが行われている．患者から細胞を取り出し，これに遺伝子治療を施したのち，種々の細胞に分化するクローン胚を作製し，これを用いて治療を行う（あるいは，まずクローン胚を作製し，遺伝子治療を施し，分化させた細胞を治療に使用する）という姿勢には説得力がある．家畜の場合，同様の方法を用いて改良型の家畜をつくることがその目的となるであろう．一方で，両者に共通した問題の1つは，クローニング効率の低さである．この発表で，著者らは，上記を視点に入れて，*in vitro* 再構築胚の発生効率の制御を検討している．マーカー遺伝子（ルシフェラーゼ遺伝子）をトランスフェクションしてゲノムに取り込ませた初代培養細胞と成熟した卵子から核を除いた除核卵子とを融合したのち，*in vitro* 発生を行わせ，*in vitro* 再構築胚を形成させた．体細胞クローニングが成功するかどうかは，再構築胚が *in vitro* で正常に形成されるかどうかに依存しており，現在のところ，正常な再構築胚をつくるための制御方法は不明である．著者らは，本研究で上記初代培養細胞を 3 種類の方法で調整し（増殖期細胞，血清飢餓培養細胞，コンフルエント細胞），これらを除核卵細胞と融合して再構築胚の発生効率を検討した．なお，代理母の子宮に戻す再構築胚の時期は *in vitro* 再構築胚がブラストシスト（胚盤胞）ステージに達したものである．１つの培養細胞から個体動物（この場合はウシ）ができるのは驚異的ともいえる．

Summary

The cell cycle stage of the donor cells is critical for *in vitro* development of reconstructed embryos in somatic cell-cloning. In the present study, we have investigated effects of cell cycle control methods on donor cell gene expression and subsequent *in vitro* development of bovine reconstructed embryos. Using bovine fibroblasts carrying *β-act/luc+* introduced by transfection as the donor cells, we have harvested them in three different growth phases : growing stage, confluent stage, and starved of serum after reaching confluent stage. The activity of cell nuclei prior to reconstruction was examined by examining the levels of luciferase activity and of Ki-67 protein. Embryos generated by reconstruction using these cells were cultured for 168 h. Luminescence was also monitored to assess gene expression activity during culture.

Prior to reconstruction, Ki-67 positive cells composed 43, 1 and 1% of the growing, confluent and starved cells, respectively. Most growing cells (86%) but only a few starved and confluent cells (1 and 20%, respectively) were luminescent before reconstruction. At 0 hours post fusion (hpf), luminescence was detected in 72, 0 and 0% of embryos reconstructed using the growing, confluent and starved cells, respectively. At 36 hpf, no luminescence was detected in the embryos of any group. At 48 hpf, luminescence was detected again in several embryos of each group. The percentage of luminescent embryos reached its maximal level for all 3 groups at 72 hpf (32, 19 and 59% for the growing, confluent and starved cells, respectively). The percentage of reconstructed embryos capable of developing to the blastocyst stage was higher for the confluent cells than for the other two, the growing and starved cells (24% vs. 14% and 14%, respectively; $p<0.05$). These results indicated that bovine embryos reconstructed using inactive cells cultured to full confluency developed at a higher rate than embryos reconstructed using either starved or growing cells.

日本語訳

体細胞クローニングが成功するかどうかは *in vitro* 発生により効率良く正常な *in vitro* 再構築胚ができるかどうかに依存している．この *in vitro* 発生効率にドナー細胞を調製する時期，すなわち細胞周期ステージが重要な役割を果たしていると考えられている．現研究では，ドナー細胞の遺伝子発現に対する細胞周期制御法の影響，およびこれらの細胞を用いたウシ再構築胚の *in vitro* 胚発生に対する影響を調べた．ドナー細胞として，トランスフェクションにより導入された *β-act/luc+* 遺伝子をもつウシの初代ファイブロブラスト（線維芽細胞）を用い，３つのタイプの細胞，すなわち，増殖期の細胞，コンフルエント期の細胞，そして細胞がコンフルエントに達した後，血清飢餓状態で培養した細胞を使用した．再構築前の細胞核の活性はルシフェラーゼ活性レベルとKi-67タンパク質のレベルを調べることにより検討した．これらの細胞を用いて再構築された胚は，ブラストシスト・ステージ（胚盤胞期）に到達するまでの168時間まで培養され，この培養期間における胚の発光を調べた．

再構築前のKi-67ポジティブ細胞のパーセントは，増殖期細胞，コンフルエント細胞，血清飢餓細胞が，それぞれ43％，１％，１％であった．発光に関しては，ほとんどの増殖期細胞（86％），少数のコンフルエント細胞および血清飢餓細胞が光っていた（それぞれ，１％と20％）．0 hpf（除核成熟卵子との融合後０時間）では，発光は，増殖期細胞，コンフルエント細胞，血清飢餓細胞による再構築胚は，それぞれ72％，0％，0％であった．36 hpfでは，どのグループの胚にも発光は観察されなかった．しかし，48 hpfですべてのグループにわたって，いくつかの胚に発光がみられ，72 hpfでピークに達した（増殖期細胞，コンフルエント細胞，血清飢餓細胞による再構築胚，それぞれ32％，19％，59％）．ブラストシスト・ステージに進むことのできる再構築胚のパーセントは，コンフルエント細胞を用いたものが，他の２つの増殖期，血清飢餓細胞の場合に比べてより高く（それぞれ24％，14，14％，$p<0.05$），これらの結果は，コンフルエント・ステージまで培養された細胞を用いて再構築されたウシ胚の発生は，他の２つの増殖期細胞，血清飢餓細胞に比べて，より効率良く起きることを示唆している．

参考文献

1）Viable offspring derived from fetal and adult mammalian cells. Wilmut, I. et al.：Nature, 385：810-813, 1997

2）Nuclear transfer. Campbell KHS, Wilmut I: In Animal Breeding: Technology for the 21st Century（ed. Clark, A. J.）：47-62, Harwood Academic Publishers, Amsterdam, The Netherland, 1998

3）Production of calves from G1 fibroblasts. Kasinathan, P. et al.：Nature Biotechnol., 19：1176-1178, 2001

4）Examination of a modified cell cycle synchronization method and bovine nuclear transfer using synchronized early G1 phase fibroblast cells. Urakawa, M. et al.：Theriogenology, 62：714-728, 2004

5）Functional expression of a Delta 12 fatty acid desaturase gene from spinach in transgenic pigs. Saeki, K. et al.：Proc. Natl. Acad. Sci. USA, 101：6361-6366, 2004

1：発表タイトル

Effects of Cell Cycle Control Methods on Donor Somatic Cell Gene Expression and *In Vitro* Development of Bovine Reconstructed Embryos

K Saeki[1,2], A Kasamatsu[1], T Tamari[1], M Maeda[1], C Okamoto[1], K Shirouzu[1], S Taniguchi[3], T Mitani[1,2], K Matsumoto[1,2], Y Hosoi[1,2] and A Iritani[1,2]

[1]Institute of Advanced Technology, [2]Department of Genetic Engineering, Kinki University, Wakayama 649-6493
[3]Wakayama Prefecture Livestock Experimental Station, Wakayama 649-3141, Japan

Transcript

□★
□★★
□★★★

Thank you, chairman.

I would like to talk about the "Effects of Cell Cycle Control Methods on Donor Somatic Cell Gene Expression and In Vitro Development of Bovine Reconstructed Embryos".

Translation

チェアーマン，どうもありがとうございました．

"ドナー体細胞遺伝子発現とウシ再構築胚の *in vitro* 発生に対する細胞周期制御法の影響" に関してお話ししたいと思います．

Step 3
学会での発表例

2 ：研究目的

Objectives

The cell cycle stage of the donor somatic cells is critical for the development of embryos after reconstruction. For successful ruminant somatic-cell cloning, quiescent (G0) cells induced by serum-starvation are commonly used (Wilmut et al., 1997, Kato et al., 1998). Recently, enhanced development to full term was obtained with embryos reconstructed from early G1 bovine fibroblasts (Kasinathan et al., 2001, Urakawa et al., 2004). However, characteristics of these cells have not been fully clarified yet. In the present study, we investigated effects of cell cycle control methods on somatic cell gene expression and subsequent *in vitro* development of bovine reconstructed embryos.

達成度
□★
□★★
□★★★

Transcript

First, I would like to mention our objectives for the present study.

The cell cycle stage of the donor somatic cells is critical for the development of embryos after reconstruction. For successful ruminant somatic-cell cloning, quiescent（that is G0 phase）cells induced by serum-starvation are commonly used. Recently, enhanced development to full term was achieved with embryos reconstructed from early G1 bovine fibroblasts. However, the characteristics of those cells have not yet been fully clarified. In the present study, we investigated the effects of cell cycle control methods on somatic cell gene expression and on subsequent development of bovine reconstructed embryos.

Translation

まず，最初に，われわれの現在の研究目的に関してお話しします．

再構築後の胚の発生には，ドナー細胞の細胞周期ステージが，非常に重要です．反芻動物の体細胞クローニングを行うために，血清飢餓培養細胞により誘導された静止細胞（G0 期の細胞）が広く使用されています．最近，初期 G1 期の細胞を用いて再構築した再構築胚を使用することにより，より効率よく産仔にまで発生することが報告されています．しかし，ドナー細胞の性質に関しては，まだ十分わかっていません．このため，体細胞遺伝子発現に対する細胞周期制御法の影響，そしてこれらのウシ再構築胚の発生に対する影響を調べました．

MEMO

In the present study：「現在，われわれが行っている研究」という意味．非常によく使用されている言いまわしである．“in <u>our</u> present study” ともいう．

Slide

3：Materials and Methods（材料と方法）

Materials and Methods

- **Somatic cells:** A bovine fibroblast cell line carrying a luciferase gene under the control of a β-actin promoter.
- **Cell cycle control for 3 types of the donor cells.**
  - **Growing cells**: Actively dividing cells (20-30% confluence).
  - **Confluent cells**: Fully confluent cells (100% confluence).
  - **Starved cells**: Cells cultured in a medium containing 0.5% serum for 7 days after cells became fully confluent.

➡ Cell cycle stages and gene expression of the cells were examined.

- **Nuclear transfer: Electro-fusion of the cells with enucleated oocytes matured *in vitro*.**

➡ Gene expression and developmental capacity of the reconstructed embryos were examined.

Transcript

3-29

達成度

□★

□★★

□★★★

Next, I would like to move on to Materials and Methods that we have used.

As the donor somatic cells, we used a bovine fibroblast cell line transfected with and now carrying a luciferase gene under the control of a β-actin promoter.

Cell cycle control for the bovine cells was carried out by the following 3 methods. "Growing cells" are the actively dividing cells obtained by culturing cells at 20 to 30% confluency. "Confluent cells" are the fully confluent cells. "Starved cells" are the cells that have been cultured in a medium containing 0.5% serum for 7 days after cells reached confluency.

In the first experiment, cell cycle status and gene expression were examined for these 3 types of cells.

In the next experiment, nuclear transfer was carried out by electro-fusion of these cells with enucleated oocytes that had been matured *in vitro*. Then, luciferase gene expression and developmental capacity of the reconstructed embryos were examined.

Translation

次に，実験に用いたMaterials and Methods（材料と方法）に移ります．

ドナー細胞として，トランスフェクションにより導入した，βアクチンプロモーター制御下にあるルシフェラーゼ遺伝子をもつウシのファイブロブラスト株細胞を使用しました．

このウシの細胞の細胞周期制御は，次の3つの方法で行いました．増殖期細胞は，20～30％コンフルエントの細胞で，活発に増殖しているものです．コンフルエント細胞は，コンフルエントのステージに達した細胞です．血清飢餓細胞は，コンフルエントのステージに達した細胞を0.5％の血清を含む培養液で7日間培養した細胞です．

最初の実験で，これら3つのタイプの細胞の細胞周期と遺伝子発現を調べました．

次の実験では，これらの細胞と *in vitro* で成熟した除核卵子とをエレクトロフュージョン（電気融合）することにより，核移植を行いました．

次に，ルシフェラーゼの遺伝子発現と再構築胚の発生能力を調べました．

MEMO

- confluency，confluent：動物培養細胞がシャーレ一面に密に成育している状態をいう．これに対し，非常にまばらな状態を“sparse”という．
- starved cells：この場合は，serum-stareved cells（血清飢餓細胞）の意味．血清中には様々な細胞増殖因子が存在しているが，血清濃度を下げることにより，細胞がほとんど増殖できない状態をつくり出すことができる．
- electro-fusion：電気（的）融合．この場合，除核した卵と体細胞との細胞融合が起こる．厳密に言えば，体細胞由来のミトコンドリアも移植（transfer）されている．

4：FACSによるウシファイブロブラストの細胞周期解析とそれぞれの細胞周期ステージの細胞の継代培養

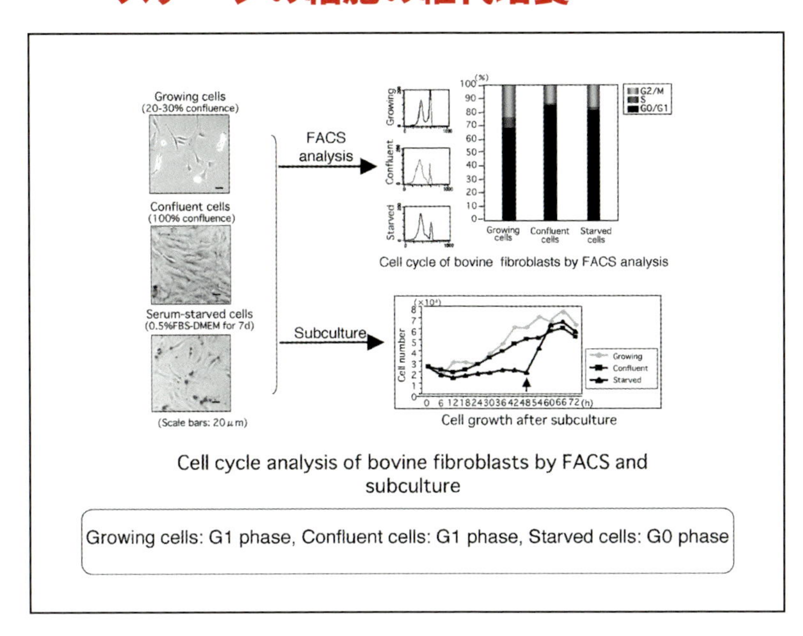

Transcript

達成度
□★
□★★
□★★★

To determine the cell population present in each stage of the cell cycle, these 3 types of growing, confluent and starved cells were examined by fluorescence-activated cell sorting（FACS）analysis. FACS analysis indicated that, in all 3 groups, 70 to 80% of the cells were at either G0 or G1 phase. Then, these cells were split and subcultured to examine their growth activity. Both the growing and the confluent cell groups showed immediate signs of growth activity right after replating. In contrast, the starved cell group showed a relatively long lag time and did not indicate any sign of an increase in cell number until 48 hours after splitting. Therefore, prior to splitting, the starved cells must have been quiescent.

From these results, we have concluded that most of the growing and the confluent cell groups were in G1 phase, and that the starved cell group was arrested at G0 phase.

Translation

　細胞周期のそれぞれのステージに存在する細胞の割合を調べるために，これら3つのタイプの細胞，すなわち増殖期細胞，コンフルエント細胞，そして血清飢餓培養細胞の細胞周期ステージをFACS（蛍光活性化セルソーター）解析で調べました．FACS解析からすべての3つのグループともに，細胞の70～80％がG0期もしくはG1期であることがわかりました．次に，これらの細胞をまき直し，培養し，細胞の増殖活性を調べました．増殖期細胞とコンフルエント細胞はともにまき直した直後から増殖活性の兆候を示しました．これに対して，血清飢餓細胞は，相対的に長い遅延時間を示し，細胞をまき直して48時間後まで，細胞数の増加の兆しを示しませんでした．したがって，血清飢養細胞は静止期ステージにあったといえます．

　これらの結果から，われわれは増殖期細胞とコンフルエント細胞のほとんどはG1期にあり，そして血清飢餓細胞はG0期であったと結論しました．

MEMO

・FACS：ファックスと発音．日本語訳は蛍光化ソーター，細胞自動解析分離装置となるが，通常，FACSが使用されている．細胞集団の解析および単離に使用される（細胞の大きさ，目的とする遺伝子のDNA量，特別なタンパク質量，等を検出することができる）．

5：ルシフェラーゼ遺伝子をトランスフェクションされた細胞内におけるルシフェラーゼ遺伝子発現およびKi-67抗原の検出

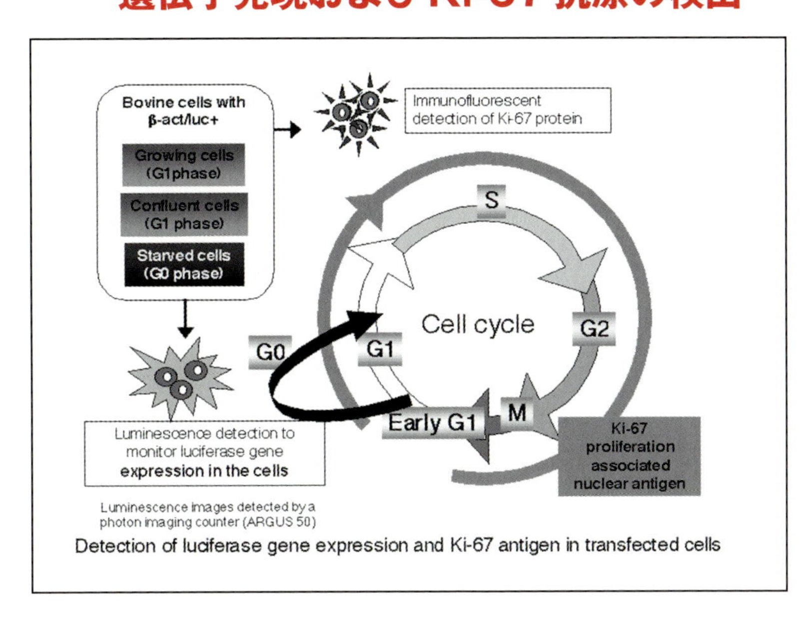

Transcript

3-31

Then, we examined luciferase gene expression. Since the luciferase coding sequence was fused to the promoter of a constitutive house-keeping gene, it served as a reporter for the state of gene expression in general. The 3 groups of growing, confluent and starved cells were cultured in a medium containing luciferin, and then luminescence was detected by a photon imaging counter. In addition, we also examined the nuclear activity of the cells by detecting Ki-67 antigen using its antibody and FITC-labeled second antibody.

Ki-67 antigen is regarded as a cell proliferation-associated marker, and can be detected in the nuclei when cells are proliferating, as shown in this slide. However, Ki-67 is absent in the nuclei of G0 cells. In addition, Ki-67 is not detected in the cells during the early stage of G1 phase.

達成度
□★
□★★
□★★★

Translation

次に，われわれはルシフェラーゼ遺伝子の発現を調べました．ルシフェラーゼのコード領域は，ハウスキーピング遺伝子のプロモーターに融合されているため，この発現は，一般的な状態での遺伝子発現のレポーターと見なすことができます．３つのグループの増殖期細胞，コンフルエント細胞，そして血清飢餓細胞は，ルシフェリン添加培地で培養され，フォトンイメージングカウンターにより発光を調べました．さらに，Ki-67 抗原を FITC でラベルされているその抗体を用いて調べることにより，細胞の核内活性を調べました．

Ki-67 抗原は，細胞増殖関連マーカーとみなされており，このスライドに示しているように，細胞が増殖しているときに核内で検知されます．しかし，G0 期の細胞核内では，Ki-67 は存在していません．さらに，Ki-67 は G1 初期のステージでも細胞内で検知されません．

MEMO

- FITC ：fluorescein isothiocyanate（蛍光色素の１つ）．
- house-keeping gene ：日本語訳がないため，カタカナ表記が使用されている．細胞が生きていくために必須な基本的な遺伝子（群）を指す．
- 発光（luminescence）と蛍光（fluorescence）：ここではルシフェラーゼ遺伝子の発現をみるために，基質（luciferin）存在下での発光を観察し，Ki-67 抗原の発現をみるために FITC-conjugated anti-Ki-67 抗体を用いて，紫外線下での蛍光を観察している．

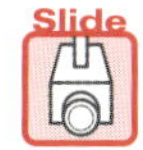

6：細胞周期制御下におけるルシフェラーゼ遺伝子発現とKi-67抗原の検出

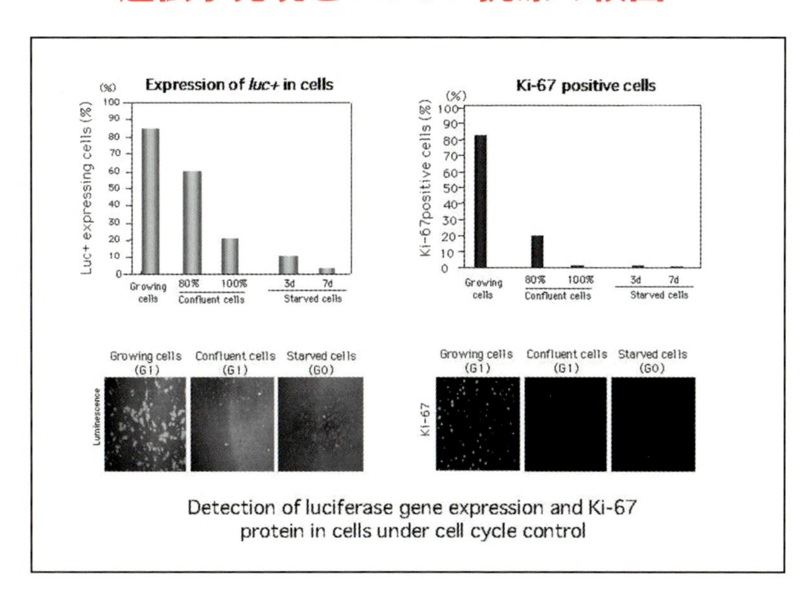

Transcript

This slide shows detection of both luciferase gene expression and Ki-67 protein.

The upper left panel shows expression of the luciferase gene in the cells. The Y axis indicates percentages of the cells expressing luciferase activity in the tested groups. As shown here, the growing cell group showed 86% of the cells luminescent, whereas the fully confluent and the starved groups each showed fewer than 20% of cells luminescent. The bottom left panel shows pictures of luminescent cells corresponding to the tested cell groups listed here. The upper right panel shows percentages of Ki-67 positive cells. Ki-67 was detected in 80% of the growing cell group. But the antigen was detected in only 1% of either the fully confluent, or the starved, cell group. The bottom right panel shows pictures of Ki-67 positive cells in the tested cell groups.

Translation

このスライドは，ルシフェラーゼ遺伝子発現とKi-67タンパク質の発現を示しています．

左上のパネルは，細胞内でのルシフェラーゼ遺伝子の発現を示しています．Y軸は，テスト細胞グループでの，ルシフェラーゼを発現している細胞のパーセントを示しています．ここに示されているように，増殖期の細胞グループは，細胞の86％が発光していました．一方，100％コンフルエント細胞と血清飢餓細胞のグループで発光していた細胞はともに20％以下でした．左下のパネルは，ここに示されているテストグループそれぞれの発光細胞の写真を示しています．右上のパネルは，Ki-67ポジティブ（陽性）細胞のパーセントを示しています．増殖期細胞の80％の細胞にKi-67が検出されました．しかし，100％コンフルエント細胞と血清飢餓細胞では，1％の細胞にしか検出できませんでした．右下のパネルは，テストグループのKi-67ポジティブ細胞の写真を示しています．

7：増殖期細胞，コンフルエント細胞そして飢餓細胞の細胞周期ステージ

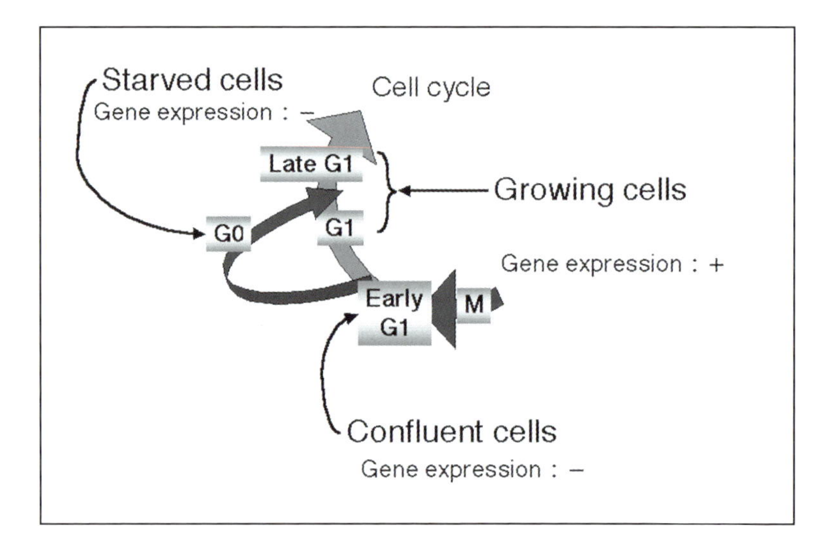

達成度
□★
□★★
□★★★

Transcript

Our results are summarized in this slide. The majority of the growing cells were at the late stage of G1 phase, the confluent cells were predominantly at the early stage of G1 phase, and the starved cells were nearly all at G0 phase. The luciferase gene and Ki-67 showed suppressed gene expression in both the confluent and the starved cell groups.

Translation

このスライドに示されているように，増殖期細胞の大多数は，G1期の後期ステージに存在し，コンフルエント細胞は，もっぱらG1期の初期ステージに存在し，そして血清飢餓細胞のほとんどすべてはG0期に存在していたことをわれわれの結果は示しています．また，ルシフェラーゼ遺伝子の発現およびKi-67タンパク質の発現は，コンフルエント細胞と血清飢餓細胞グループで，ともに抑制されていました．

8：異なる３つのグループのドナー細胞由来の再構築胚におけるルシフェラーゼ遺伝子発現

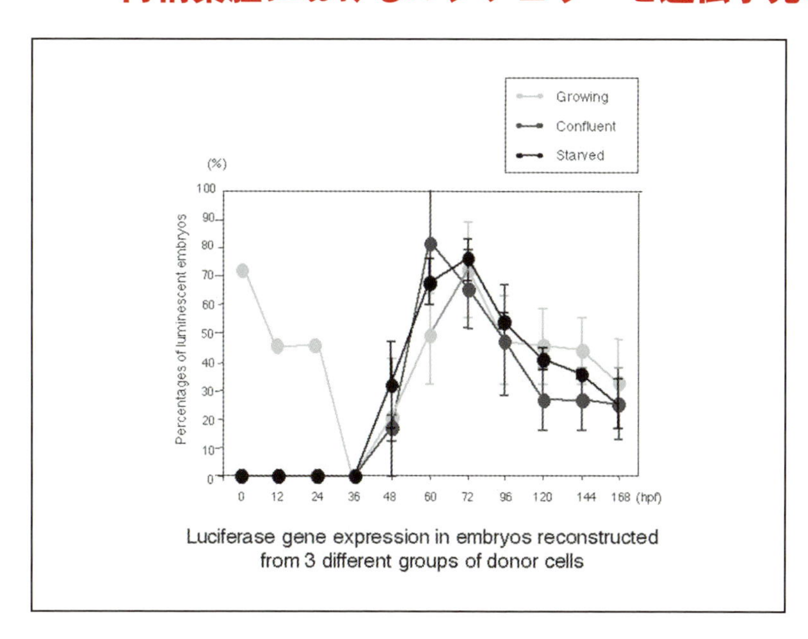

Luciferase gene expression in embryos reconstructed from 3 different groups of donor cells

Step 3 学会での発表例

Transcript

3-34

In the next experiment, as shown in this slide, we produced cloned embryos carrying out electro-fusion of those cells with enucleated bovine oocytes that had been matured *in vitro*. We examined gene expression in these reconstructed embryos during the first 7 days post-fusion.

As shown in this panel, for the first 24 hours after reconstruction, luciferase gene expression was detected only in the growing cell-derived embryos. At 36 hours, however, none of the groups showed any detectable luminescence. At 48 hours, all 3 groups began to show slight increases in gene expression, and thereafter showed similar time courses of gene expression.

達成度
□★
□★★
□★★★

Translation

次の実験では，このスライドに示されているように，*in vitro*で成熟させたウシ卵子の除核細胞とスライドに示されている細胞をエレクトロフュージョンすることによりクローン胚を産生し，融合後，最初の７日間，これらの再構築胚の遺伝子発現を調べました．

このパネルに示されているように，再構築後最初の24時間までにルシフェラーゼ遺伝子発現がみられたのは，増殖期細胞由来の胚のみでした．しかし36時間後の時点では，これらのグループのいずれにも検出可能な発光は観察されませんでした．48時間後，３つのグループすべてが遺伝子発現の若干の増加を示し始め，それ以降いずれのグループも同じようなよく似た遺伝子発現のタイムコースを示しました．

9：ウシ細胞由来のブラストシスト期 *in vitro* 再構築胚

A blastocyst derived from a confluent cell

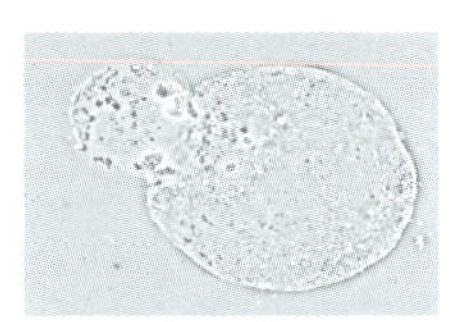

Normal light

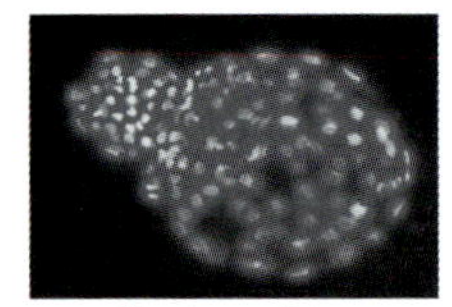

Hoechst staining

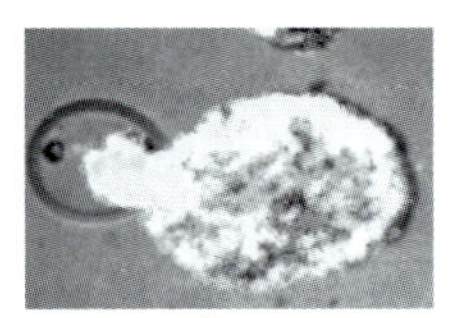

luc+

A representative blastocyst developed from an embryo reconstructed *in vitro* using a bovine cell

達成度

□★

□★★

□★★★

This slide shows a representative blastocyst of an *in vitro* reconstructed embryo expressing luciferase and also stained with Hoechst.

Translation

このスライドは，ルシフェラーゼを発現し，そしてヘキスト染色された *in vitro* 再構築胚のブラストシスト（胚盤胞）発生の代表的例を示しています．

MEMO

・blastocyst（胚盤胞）：体外受精および *in vitro* 再構築胚の場合，このステージの胚を代理母の子宮に移植する，順調にいけば仔牛が産まれることになる．

・Hoechst：ヘキスト．核の DNA を染色する．

10：ウシ細胞由来の *in vitro* 再構築胚の発生

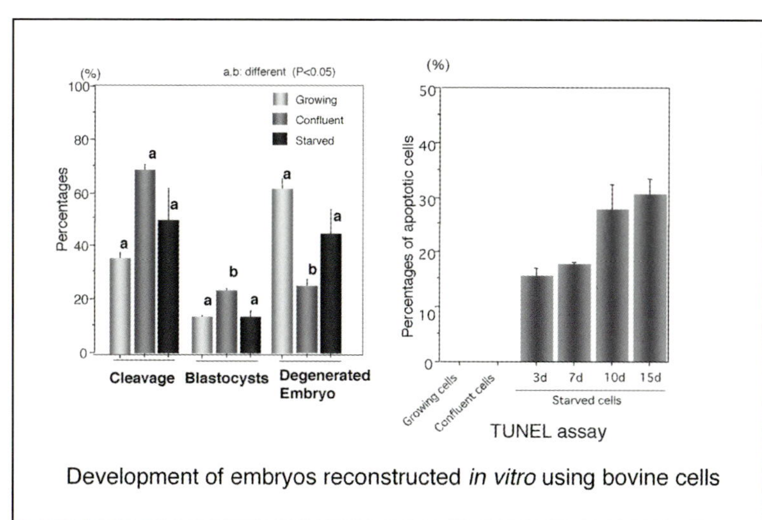

Development of embryos reconstructed *in vitro* using bovine cells

Transcript

達成度
- □★
- □★★
- □★★★

The left panel shows the developmental efficiencies of the *in vitro* reconstructed embryos. The bar graph on the far left shows cleavage efficiencies, indicating that efficiencies of both the confluent and the serum-starved cell groups were better than that of the growing cell group. The middle bar graph shows blastocyst generation efficiencies, indicating that relatively high blastocyst generation rates were achieved for the embryos reconstructed using the confluent cell group, as compared with those of the other 2 groups, the growing cells and the serum-starved cells.

The bar graph at the far right shows percentages of degenerated embryos.

The right panel depicts percentages of apoptotic cells observed in the growing, confluent and starved cell groups right before electro-fusion. In this experiment, apoptosis was determined by TUNEL assay. The results indicated that there were no significant apoptotic cells in the growing and the confluent cell groups. However, in the case of the serum-starved cell group, the longer the serum-starved cells were cultured, the more cell apoptosis was induced. The low developmental rate of the embryos reconstructed using the parent starved cells could have been due to the apoptotic cells already present in the serum-starved cell population.

Translation

左のパネルは，*in vitro* 再構築胚の発生効率を示しています．一番左端の棒グラフは，卵割効率を示しており，コンフルエント細胞と血清飢餓細胞の効率は，増殖期細胞の効率よりも良いことを示しています．中央の棒グラフは，ブラストシスト生成効率を示しており，他の２つの，すなわち増殖期細胞と血清飢餓細胞と比べ，コンフルエント細胞の再構築胚が相対的に高いブラストシスト生成効率を達成したことを示しています．右端の棒グラフは，それぞれのグループの胚の変性率を示しています．

右のパネルは，エレクトロフュージョン直前の増殖期細胞，コンフルエント細胞，血清飢餓細胞グループに存在しているアポトーシス細胞のパーセントを示しています．この実験では，アポトーシスは TUNEL 法で解析しました．この結果では増殖期細胞とコンフルエント細胞のグループでは，有意なアポトーシス細胞はみられませんでした．しかし，血清飢餓細胞グループの場合は，血清飢餓状態で，細胞が長く培養されればされるほど，血清飢餓細胞のアポトーシスがより多く誘導されていることが示されました．血清飢餓細胞による再構築胚の低発生効率は，血清飢餓細胞集団中にすでに存在していたアポトーシスを起こした細胞と再構築胚がつくられたためかもしれません．

MEMO

・TUNEL ：Terminal deoxynucleotidyl Transferase dUTP Nick End Labeling の略で，“テューネル”と発音．アポトーシスを検出するための方法で，染色体 DNA が細かく切断された場合，その末端がラベルされる．なお，dUTP は biotin 等で標識されている．

Slide 11 ：結論

Conclusions

Cell culture conditions	Cell cycle stage	Gene expression (nuclear activity)	Development after reconstruction
Growing	Late G1	+	-
Confluence	Early G1	-	++
Starvation	G0	-	+

Transcript

3-37

達成度
□★
□★★
□★★★

This is my final slide to sum up our conclusions.

The growing cells were predominantly in late-stage G1 phase, and their nuclei were active in gene expression. Using these cells, the rate of successful *in vitro* embryogenesis through to blastocyst stage was low.

The confluent cells were predominantly in early-stage G1 phase whereas the starved cells were nearly all in G0 phase. The nuclei of the cells in both groups were inactive for gene expression. So, the confluent cells and the starved cells have some similar characteristics. However, serum starvation resulted in apoptosis of the starved cells, as mentioned above.

Thus, so far, the highest developmental capacity after reconstruction was achieved using the bovine cells cultured to full confluency.

Thank you for your attention.

Translation

これは最後のスライドで，われわれの結論を要約しています．

増殖期細胞は，もっぱらG1期の後期ステージに存在しており，これらの核は遺伝子発現に関してアクティブな状態でした．これらの細胞を使用した場合，ブラストシストステージまでの *in vitro* 胚発生効率は，低い状態でした．

コンフルエント細胞は，もっぱらG1初期ステージにあり，一方，血清飢餓細胞のほぼすべての細胞はG0期でした．これら2つのグループの核は，遺伝子発現に関しては不活化状態でした．したがって，これらのコンフルエント細胞と血清飢餓細胞は，ある意味でお互いよく似た性質をもっているといえます．しかし，血清飢餓はすでに述べましたように，血清飢餓細胞にアポトーシスを引き起こしました．

このように，現在までのところ再構築後における最も高い発生効率は，完全にコンフルエントになるまで培養されたウシ細胞を使用することにより達せられました．

ご静聴，ありがとうございました．

MEMO

・to sum up ：to summarize でもよい．“The summary of our conclusions” ともいう．

・whereas ：一方よく似た言葉で while がある．while は同時進行のことがらの場合，「一方は」の意味で使用する．whereas は，同時進行でない場合の比較に使用する．

・so far ：「今までのところ」という意味で使用．非常に便利でよく用いる言葉である．何に関してかを具体的に言及する場合，so far as（we have tested）〔（私たちがテストした）限りでは〕と文節で使用できる．

Column

Tell me a story!

From a western perspective - as alluded to by Dr. Yamamoto - the biggest weakness of many presentations by young Japanese scientists is that they fail to create a clear story line. A scientific presentation is not a mere compilation of results piled one upon the other until you reach your conclusion and acknowledgments slides. You are not sitting for an exam, and your primary worry should not be failure to include this or that detail ; such an attitude would be a sure recipe for disaster. Rather, you are the expert on your work, and you are the teacher. Unfortunately your students are impatient, and their attention wanders easily, especially if they are struggling to understand your English. Keep them on track! You might announce your biggest conclusion from the start, allowing them to follow how your results lead you there. Just as important, at every step along the way, make sure that the purpose of each experiment is clear. What question are you seeking to answer with each experiment? Rather than show a slide and then explain the relevant question, pose the question before flashing the slide. Above all, limit the amount of detail presented to just the essential outline required to reach your conclusion. It is better to make each point slowly and clearly than to rush through so many slides of detail that your audience becomes lost. If the audience follows the logical thread of your talk, they may request such details during Q&A, but if nobody understands the outline of your talk, Q&A may end up a mutually embarrassing silence.

（*R. F. Whittier*）

Step 4
ライブ講演にトライ！

Step 4 ライブ講演にトライ！

Live-1
新興感染症病原体バルトネラ
～猫ひっかき病病原体の同定～

テーマ

Bartonella : An emerging, hemotropic gram-negative pathogen

講演者

Dr. Jane Koehler

（University of California-San Francisco, USA）

Jane Koehler（ジェーン・ケーラー）：1978年カリフォルニア大学（バークレー校）卒業，1984年ジョージワシントン大学医学部卒業．現在，カリフォルニア大学（サンフランシスコ校）医学部感染病理部門教授．バルトネラ感染とその分子病態についての研究を進めている．

本稿の音声は，2005年3月3～4日に東京大学医科学研究所において開催されたシンポジウム "Infection — Symposium on emerging and reemerging infectious diseases —"におけるJane Koehler博士の講演を録音したものです．
本書では，講演の一部を抜粋して掲載しています。

リスニングのポイント

学会等での発表は，聴衆に理解してもらうことを目的としています．このため，スピーカーは，可能な限り理解しやすい話し方で，そしてスタンダードと思われる英語発音で話します．ジェーン・ケーラー博士の話されている英語は，典型的（スタンダード）なアメリカン・イングリッシュであり，聞き取りやすいといえます．問題があるとすれば，臨床関係の専門用語が時々出てくる点です．この種の用語は，分子生物学関連の研究者にとっては苦手な部類に属するものかもしれません．したがって，あまりにも詳細なディテールにこだわらず，彼女の話についてゆき，重要ポイントと思われる点を把握していくこと（あるいは，把握しようとする姿勢）が重要であると思われます．なお，wannaやgonnaという語が出てきます．これらは通常の会話に使用されている言葉であり，うまく使用することにより，堅苦しい言いまわしを和らげる効果をもっています．ただし，使用法を知らない場合は，公的にも，私的にもスラングの使用は避けた方が無難でしょう．

サマリー

ある種の研究報告には，優れた推理小説を読んだ時のような爽快感を感じるものがあります．猫ひっかき病（cat scratch disease）病原体の発見者であるジェーン・ケーラー博士のプレゼンテーションもこれに相当します．臨床系の研究者を目指していた彼女を待っていたポストドクとしての最初の研究テーマは，ある AIDS（免疫不全症）患者が罹患している原因不明の感染症の探索でした．彼女は，疫学調査からスタートし，バルトネラ・ヘンセレ菌（*Bartonella henselae*）が病原体であることを見つけることに成功しました（1993 年）．

この細菌は，猫にとりついているネコノミにより媒介され，ノミの糞に存在している細菌が人の傷口などから入り込み，血管内で増殖し，発症を引き起こします．さらに，研究を進めるうちによく似た細菌がシラミにより媒介されること気づき，この細菌がバルトネラ・クインターナ菌（*Bartonella quitana*）であり，実は，第一次世界大戦中に兵士の間で蔓延し，大問題となった原因不明の病気（塹壕熱：Trench fever）の病原体であることを見出しました（1997 年）．さらに，現在までに，類似の細菌が続々と報告されているという状況についても紹介されています．

本書には含まれていませんが，講演の後半では分子生物学的アプローチ，すなわちバルトネラ菌がもつ遺伝子のクローニング，タンパク質の発現，病気をもたらすメカニズムの探索について語っています．

また，彼女は大学院生達に研究態度に関しての熱いメッセージも送っています．
— Enjoy her talk!

参考文献

1）Cat scratch disease and other zoonotic *Bartonella* infections. Chomel, B. B. et al.：J. Am Vet. Med. Assoc., 224 ： 1270, 2004

2）Molecular epidemiology of *Bartonella* infections in patients with bacillary angiomatosis-peliosis. Koehler, J. E. et al.：NEJM, 337 ： 1876-1883, 1997

3）*Rochalimaea henselae* infection : A new zoonosis with the domestic cat as reservoir. Koehler, J.E. et al.：J. Am Med. Assoc., 271 ： 531-535, 1994

4）A family of variably-expressed outer membrane proteins mediates adhesion and autoaggregation in *Bartonella quintana*. Zhang, P. et al.：Proc. Natl Acad. Sci. USA, 101 ： 13630-13635, 2004

☐★
☐★★
☐★★★

memo

wanna
wanna は want to のスラング．口語では，一般によく用いられる．want to だと表現が固くなるため，wanna を使用しているものと思われる．

I'm very attached to it; you'll see why later on
what that means if you're working on an emerging pathogen from the very beginning
いきなり "If you're working on ---" という節が出てきて，面くらった方もいるかもしれません．彼女には若い人達に伝えたい強力なメッセージがあり，これらの部分は，その導入部です．メッセージは Slide 24 後半部にあります．

gonna talk
gonna は going to のスラング．ただ口語では，よく使用されている．going to だと少し固い表現となるため，この話し方を使用しているものと思われる．

adhesin
100kDa のタンパク質の固有名詞

wanted to
上記の wanna は want to として使用していたが，ここでは wanna = wanted として使用している．

［Slide 1］

So I wanna thank the organizers for the very kind invitation to participate in this symposium and I'm very honored to have the opportunity to talk about my favorite bacterium, which is *Bartonella*. I'm very attached to it; you'll see why later on.

［Slide 2］

So *Bartonella* is indeed an emerging pathogen, and I'm going to tell you in great detail about what that means if you're working on an emerging pathogen from the very beginning. I'm gonna talk about human diseases caused by *Bartonella* very briefly and the disparate niches occupied by *Bartonella* as well as the virulence strategies of *Bartonella* and including persistence in the blood stream and particularly a variably expressed 100 kDa outer membrane protein "adhesin" that we have recently discovered.

［Slide 3］ & ［Slide 4］

So imagine if you will, I finished graduate school and then I went to med school because I wanted to become a clinician scientist. And so here I was just a couple of month before heading back into the lab to do my post-doc on

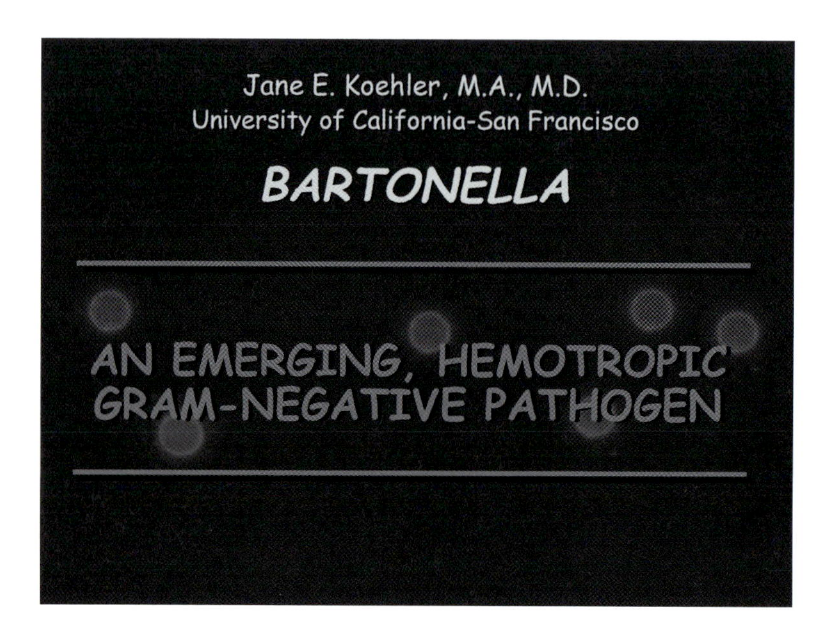

Slide 1 Title: An emerging, hemotropic gram-negative pathogen

BARTONELLA PERSISTENCE
OVERVIEW

- *Bartonella* as an emerging pathogen
- Human diseases caused by *Bartonella*
- Disparate niches occupied by *Bartonella*
- Virulence strategies of *Bartonella*
  - persistence in the bloodstream
  - a variably-expressed, 100kDa outer membrane protein (Vomp) adhesin

Slide 2 Overview of *Bartonella*

Chlamydia and they told me to go see this patient.

And this is San Francisco General, indeed AIDS related, and this is an AIDS patient who presented with an unidentified infection. And they said "Jane, you know, figure out what this is." So I proceeded to work up this patient for this unknown infection that was actually quite severe and this was, there was bony erosion, so this was an osteomyelitis.

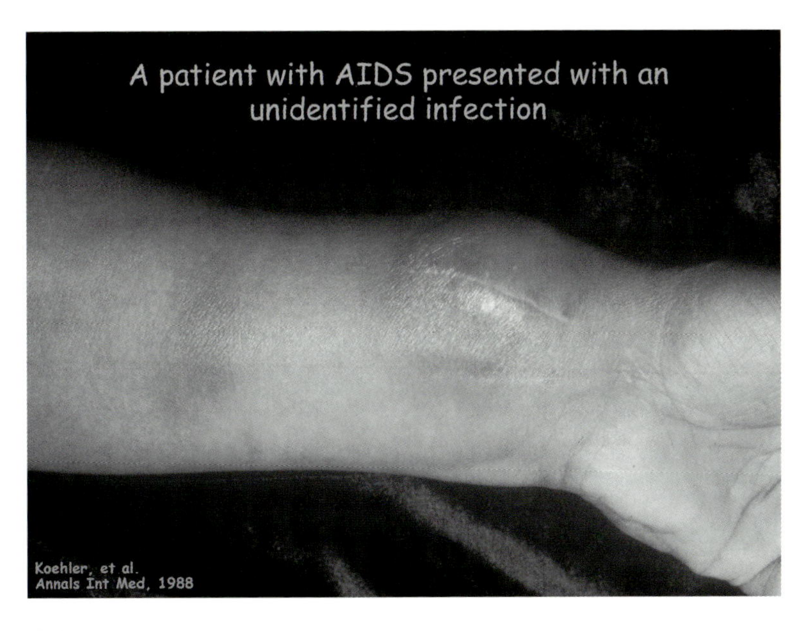

Slide 3 Wrist with unidentified infection

memo

Chlamydia
クラミジア細菌．最もよく知られている感染症は性病〔sexually transmitted disease（STD）〕であり，不妊症となる．

San Francisco General
公立病院．San Francisco General Hospital を指す．

AIDS
免疫不全症（AIDS は Acquired Immune Deficiency Syndromes の略）．

osteomyelitis
骨髄炎

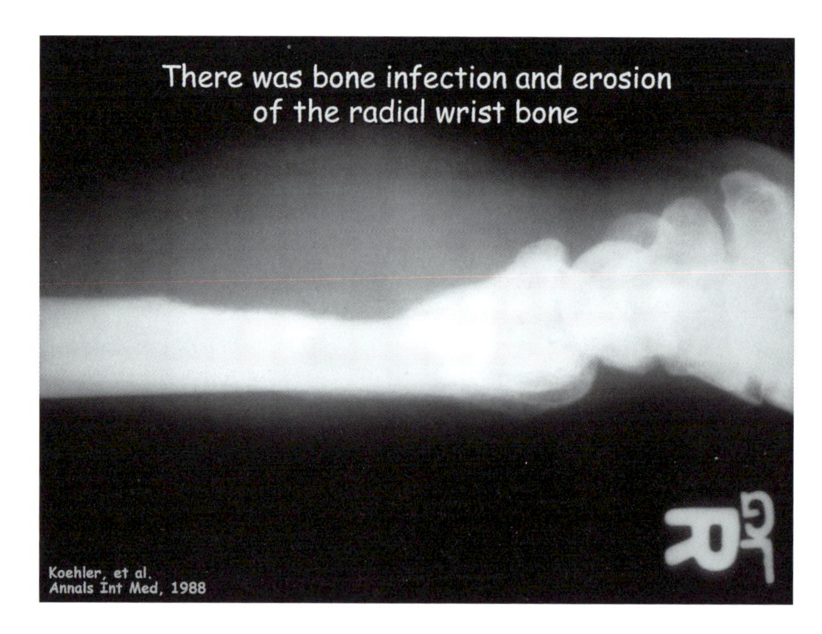

Slide 4 The bone of the infected wrist

[Slide 5], [Slide 6] & [Slide 7]

And here is a particularly severe case that was thought to be malignancy.

And that was the hallmark of these infections because there is such a proliferation of blood vessels.

memo
the hallmark of
「典型的な特徴」といういい意味で，よく使用されている言いまわし．

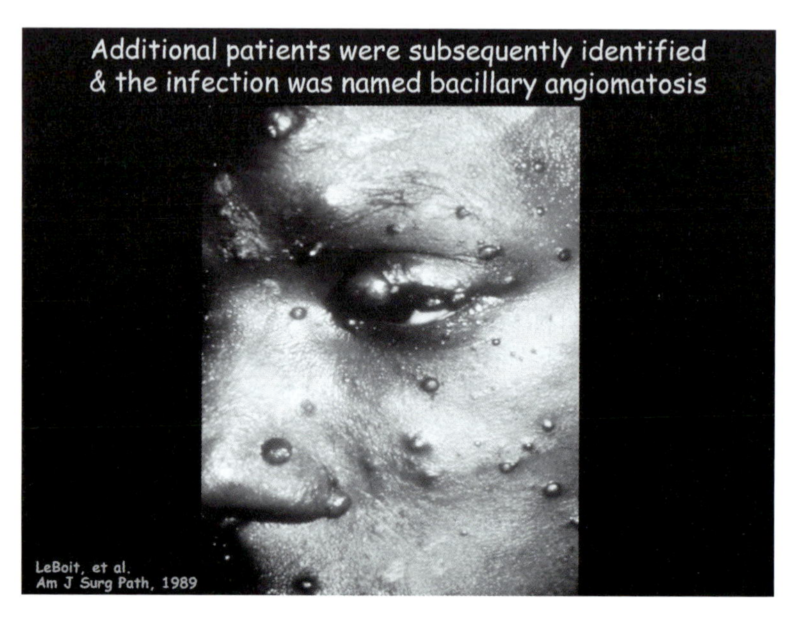

Slide 5 Patient with bacillary angiomatosis

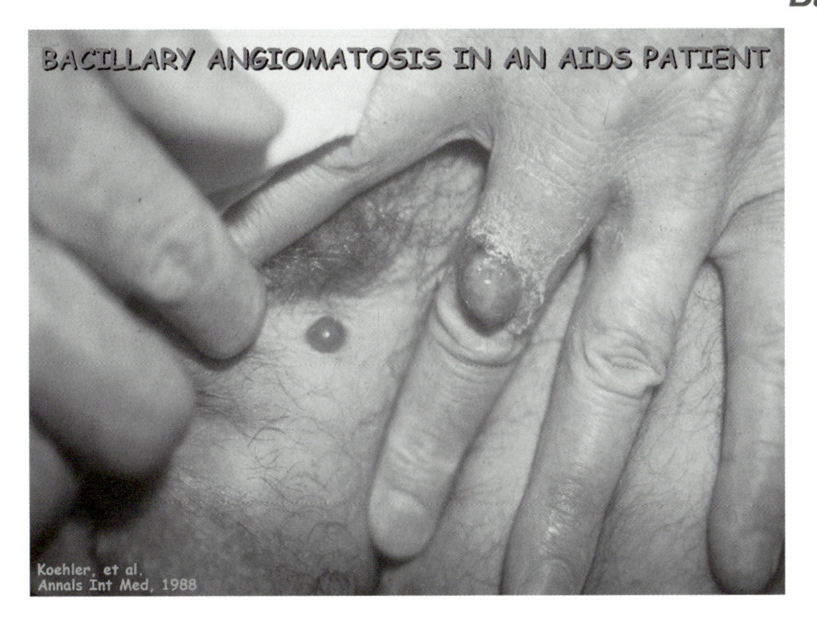

Slide 6 Patient with bacillary angiomatosis and AIDS

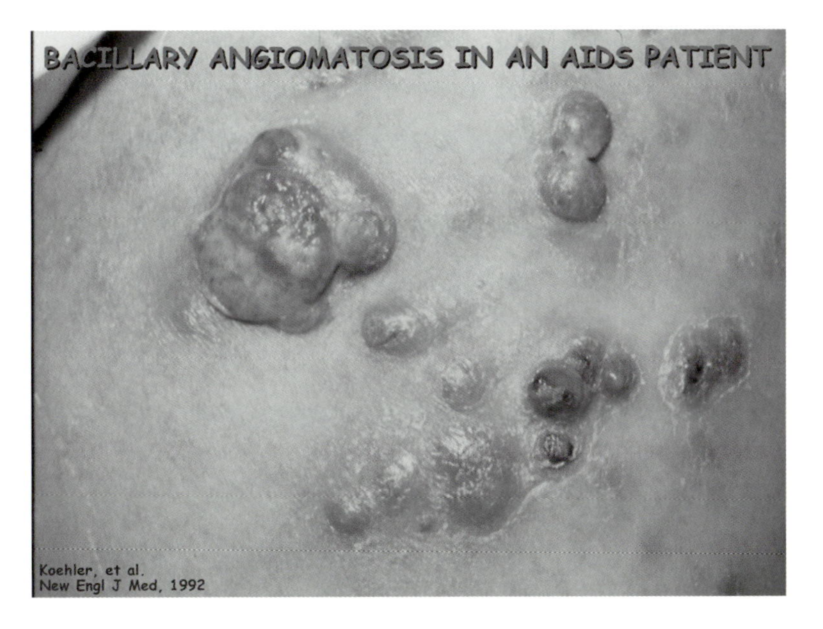

Slide 7 AIDS-patient with bacillary angiomatosis

[Slide 8]

So we started by first looking in the tissue. We did hematoxylin and eosin staining of those bacillary angiomatosis lesions which I'll refer to as BA from now on.

And it was very clear that this was a very unusual bacterial infection. And in

memo

hematoxylin and eosin staining
ヘマトキシリン（核を染色）・エオシン（細胞質を染色）染色（HE 染色）．組織切片や培養細胞を顕微鏡下で観察するための典型的な染色法．

lesions
region は部域．lesion は傷のある部域．

BA
bacillary angiomatosis lesion（細菌性血管腫部位）

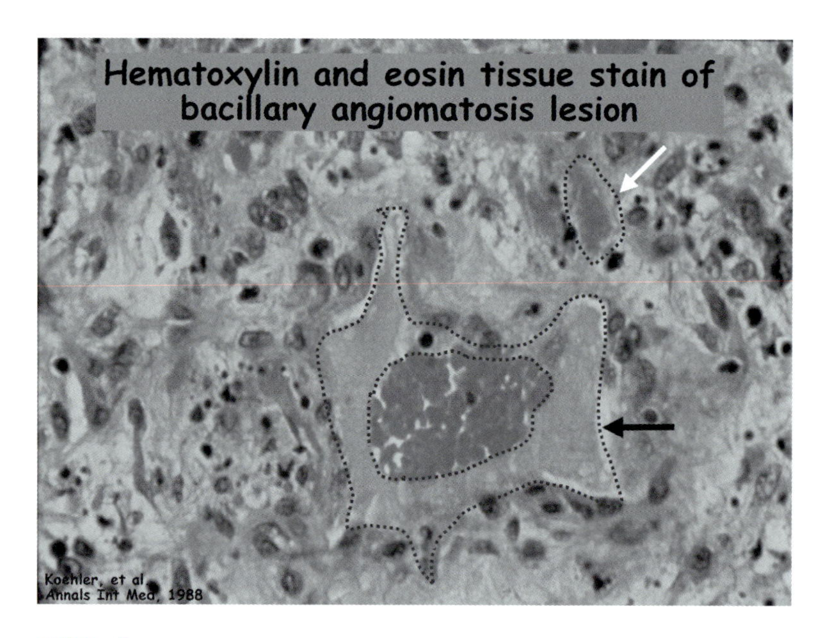

Slide 8 Bacillary angiomatosis lesion stained with hematoxylin and eosin

fact you can see that one of the hallmarks was these very very protuberant, up-regulated endothelial cells some of which were even mitotic and these formed a vessel surrounding erythrocytes and in the setting of a fairly intense inflammatory response and always just adjacent to these granular clumps of material which were actually the bacteria.

memo

these granular clumps of material which were actually the bacteria
「バクテエリアが集った顆粒状のかたまり」の意味であるが**Slide 8**では，明瞭ではない．**Slide 9**では明瞭に示されている．

Warthin-Starry silver tissue stain
ウォーシン・スターリー銀組織染色（法）．桿菌類の染色に用いられる．

CDC
Center for Disease Control and Prevention（CDC）．アメリカのアトランタ市にある政府機関で，感染防御・監視に関しての最高機関．

[Slide 9]

And we found that if we looked at this through a Warthin-Starry silver tissue stain, we could visualize these tiny bacteria very well and in fact they formed little micro-colonies right in the tissue.

But again we didn't know what the organism was, we didn't know where it was coming from, and so I teamed up with a very talented epidemiologist from the CDC, Jordan Tappero, and we decided that I would try and grow it and he would try and figure out where it was coming from.

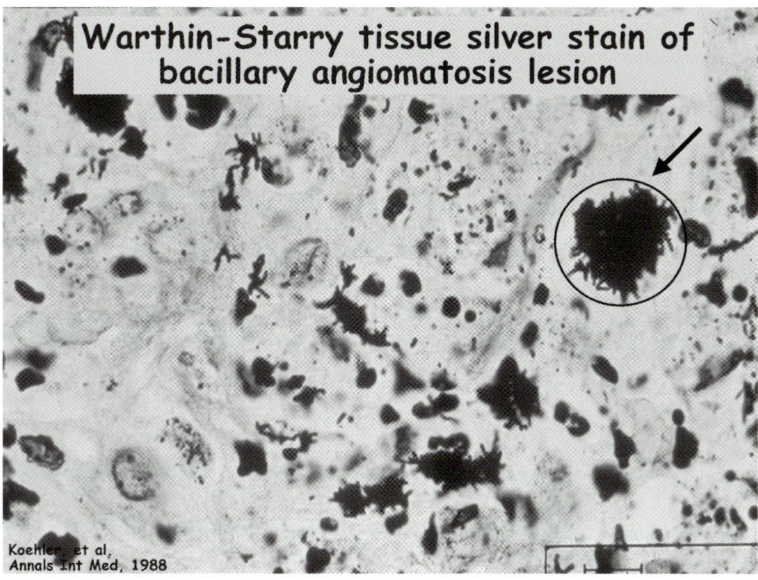

Slide 9 Tissue stained with Warthin-Starry silver stain

4-02

達成度
□★
□★★
□★★★

[Slide 10]

So we started this epidemiology study and we surveyed 48 BA patients and assessed the risk factors for these patients in the 6 months prior to when they developed their disease.

And they, they had to answer a 20-page questionnaire and this included everything from what are your pets, what, where did you travel and so forth.

memo
epidemiology study
疫学研究．病原体が不明の場合，あるいは，感染経路が不明の場合に，これらの不明点解明のためのヒントを与えることを目的とした医学分野．

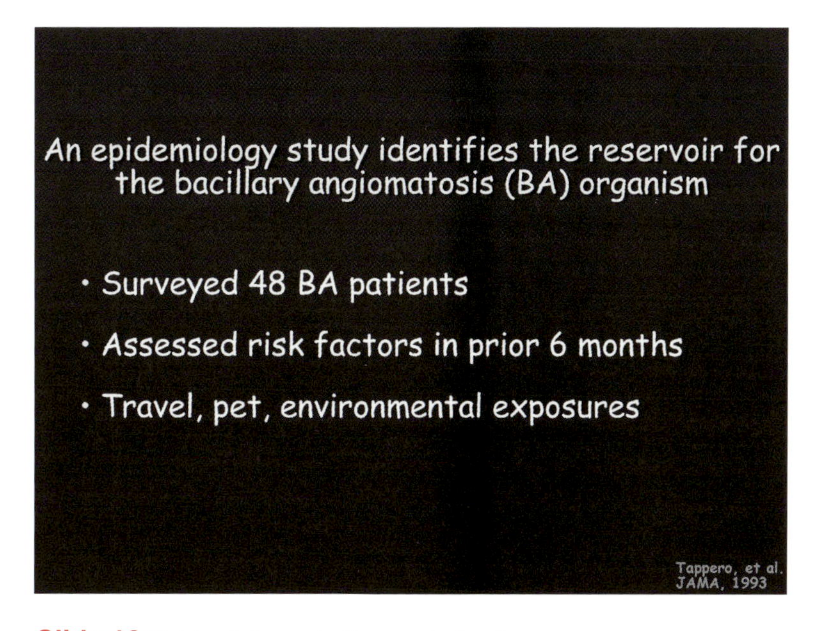

Slide 10 Epidemiology studies carried out

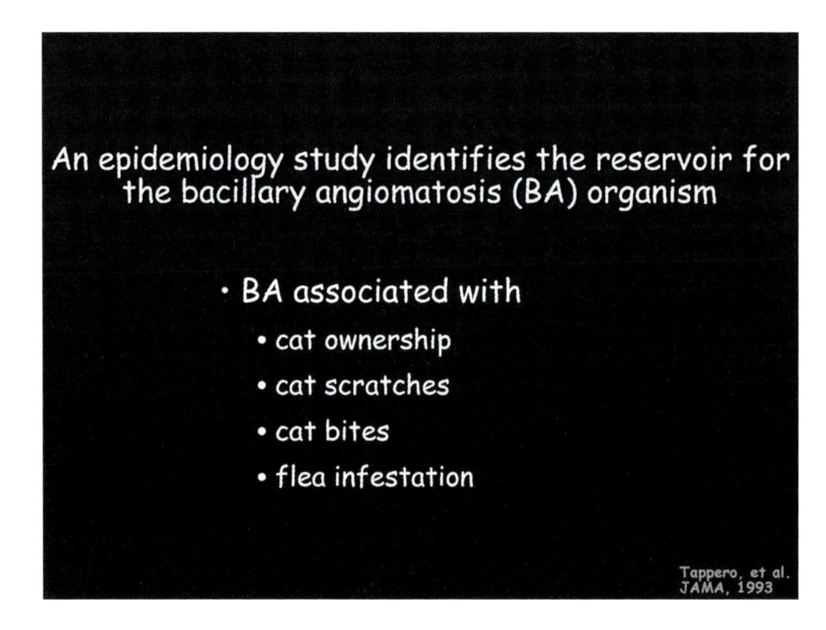

Slide 11 Results from epidemiology studies

memo

accrued
蓄積する

flea infestation
ノミの蔓延

pest
やっかいもの．人間には使用しない方が無難．

swabbed their mouths
swabbing testのことと思われる．綿棒で口腔内壁をこすったり，あるいは唾液を採取し，培養することでどのようなバクテリアが感染しているかを調べる．

[Slide 11]

And on primary analysis, once we had accrued 20 patients, it was very clear that BA was associated with cat ownership, cat scratches, cat bites and flea infestation. So we had a handle that this was probably a cat-related disease. But of course we didn't know where in the cats and how in the cats people were acquiring it. So what we did was -- 4 of those 20 patients were still alive and still had the cats that they'd had when they developed the disease. And so we went into their homes, they had among them 7 cats, and we -- .

[Slide 12]

Here is one of the patients. And this is her lesion on her leg, her BA legion, where she was scratched by these cats.

[Slide 13]

And this is Malcom, Ebi, and Luther.

And they don't like having their portraits taken, particularly Luther was a real pest but so we took their blood, we clipped their toe nails, we swabbed their mouths and this is pretty far from the transcriptional regulation of *Chlamydia* that I was doing in the lab but it was pretty exciting.

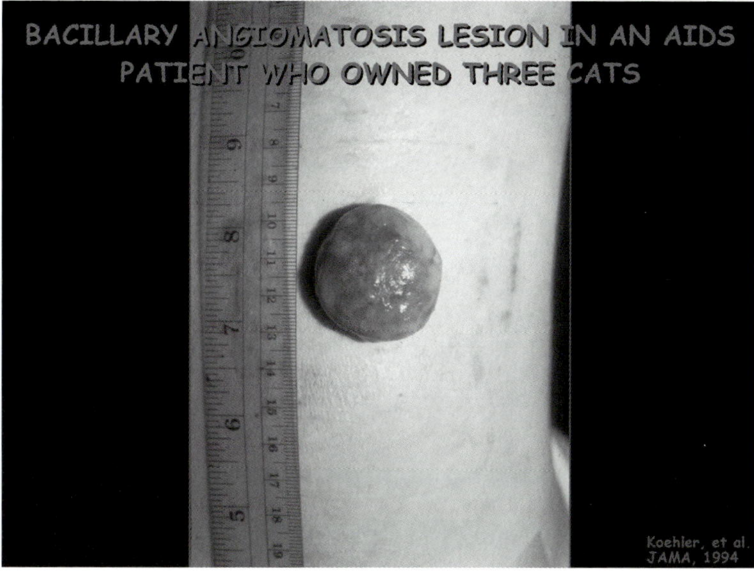

Slide 12 Bacillary angiomatosis lesion caused by cat scratch

Slide 13 Three cats owned by the patient in Slide 12

[Slide 14]

And so we looked at just 1 ml of Ebi's blood and put it on a chocolate agar Petri dish, and this is what it looked like.

Astonishingly one ml of blood - and this is just 1 cm of the plate - had 10^6

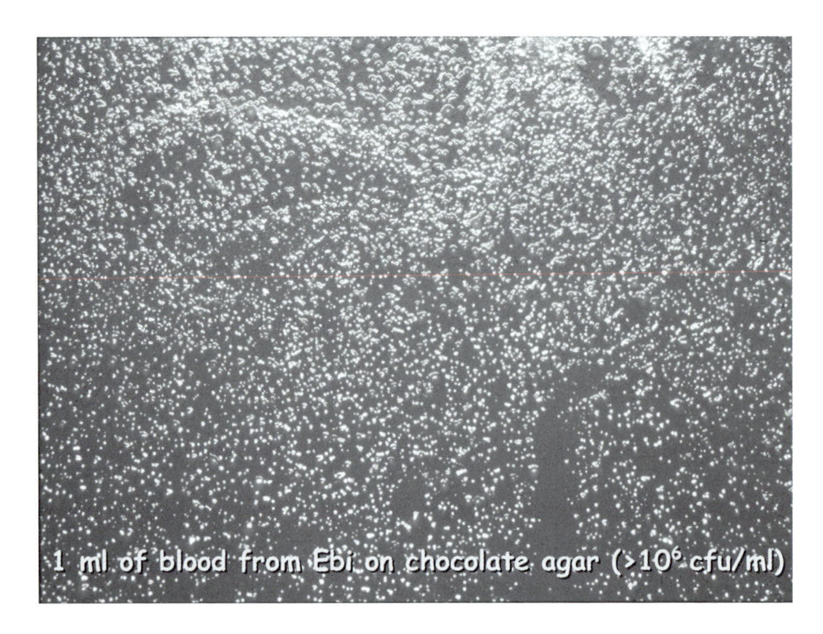

Slide 14 Bacterial culture plate

colony forming units per milliliter of blood. This was one of my big days in research.

[Slide 15]

So it was clear that these cats were infected and probably had been transmitted to their AIDS patient owners.

And so we did a convenient sampling of 61 San Francisco domestic cats and found to our surprise 41% of the pet cats were bacteremic with this organism and all these cats were apparently completely healthy.

And those of you who work on bacteria know that there is something really interesting about that. All you immunologists, too.

[Slide 16]

(The Y-axes show bacterial colony-forming units/ml of each blood and antibody titers, respectively.)

So the next thing we thought was maybe this is an arthropod-born disease. So we suspected of course the cat flea, *Ctenocephalides felis*, and did a very simple experiment and this was actually headed by my wonderful colleague at UC Davis vet school, Bruno Chomel.

So he knew of a vet student who had 42 stray cats that she'd brought into her

memo

my big days
文字通りの「偉大なる日」の意味．逆に，not my day は良くないことが起きた時に使用する．

to our surprise
「驚いたことに」．論文発表などでよく用いられる言いまわし．

bacteremic
bacteremia（菌血症）（血液中に細菌が存在してる状況）の形容詞．ウイルスの場合は viremic．

antibody titers
Slide 16 の Y 軸右側のスケール IFA Titer．IFA は indirect fluorescent antibody titer（間接蛍光法により測定した抗体価）．

4-03

達成度

□★

□★★

□★★★

arthropod-born
節足動物媒介性の

the cat flea, *Ctenocephalides felis*
ネコノミは *C. felis* の通称名．他のペットやヒトにも寄生する．イヌノミは *C. canis*．

UC Davis vet school, Bruno Chomel
University of California（州立大）Davis 校．vet school は School of Veterinary Medicine（獣医大学）で大学を卒業してから進学する．獣医博士とは Ph. D.とも M. D.とも呼ばず，Doctor of Veterinary Medicine（DVM もしくは，VMD）と呼ぶ．なお，Bruno Chomel は共同研究者の名前．

BARTONELLA INFECTIONS

MOLECULAR EPIDEMIOLOGY
BACILLARY ANGIOMATOSIS

- Cultured blood from 61 SF domestic cats
- 41% of pet cats were bacteremic with BH
- All cats were apparently healthy

Koehler, et al.
JAMA, 1994

Slide 15 Summary of epidemiological survey for the cats in San Francisco

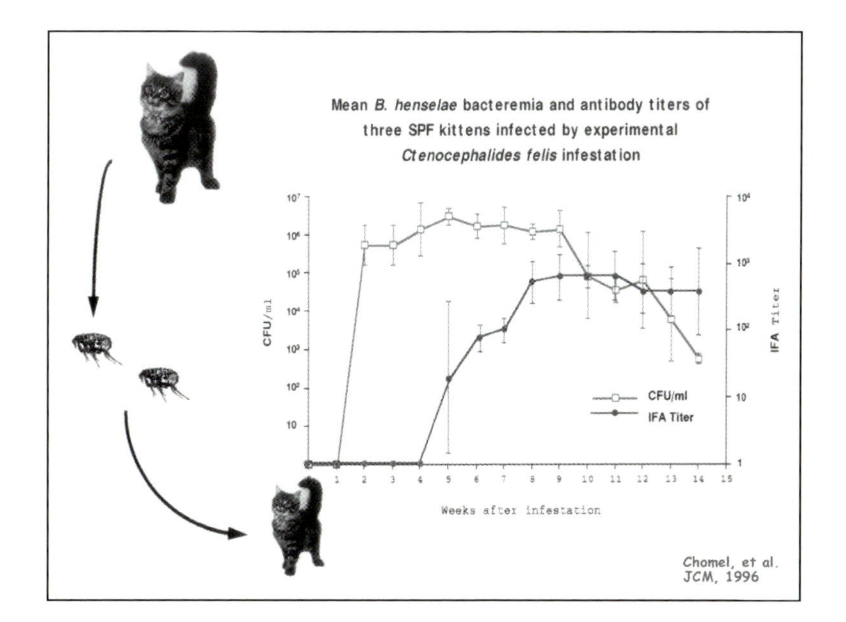

Slide 16 Transmission of *Bartonella* through fleas to pathogen-free cats

memo

if you have cat people here
here は in Japan．ネコを特別に好きな人々を cat people という．これに対し，dog people がいる．ランチやコーヒーブレイクの時など，ネコ派対犬派に別れて，激論をくり広げることがある．（イヌとネコと，どちらが利口かとか可愛いかなどに関して）

specific pathogen free
ある特定の病原体に感染していない動物によく使用されている言葉．略して，SPF とも記す．実験動物は，例外を除いて通常，SPF のものを利用する．

house. I don't know if you have cat people here but we do and so they were all infected with *Bartonella*, fortunately, and they all had fleas. So we combed the fleas off of the cats, and put them onto specific pathogen free kittens in the memo

sero-converted
血清型（抗体）が変化して陽性となったことを意味している．

immuno-compromised
immuno-competent
compromised は免疫能がなくなっている状況をいい，competent は capable（もしくは able）の意味で，免疫能がある状況をいう．

cat scratch disease
ネコひっかき病．日本でも問題になっている病気．

these papular lesions that then vesiculated
papular lesion は丘状にはれている部分（丘疹性病変）．やがて，これらの部分はふくれあがり小嚢（しょうのう）を形成する．

ipsilateral lymphadenopathy
同側性リンパ節症（ひっかかれた部分の側のリンパ節に炎症が発生する）．

vector-borne disease
ベクター媒介病．この場合，ベクターはノミのことである．

Person

Wes van Voorhis
人名．Wesley van Voorhis（MD. Ph. D.）

university facility and waited to see what happened.

And in fact we found that they all developed bacteremia, every one of them and they all sero-converted. So clearly it was a very efficient transmission by the fleas. And it turns out that fleas while they're feeding on you and me, they are excreting this partially digested blood. And this contains the *Bartonella* organisms. And they excrete lots of it because this is actually an obligatory food source for the larvae in order to move to the next stage. And if you've ever had a cat with fleas and combed it over a white blanket, all those little dark things that drop out and, in the US we call them flea dirt -well, it's really flea feces. And it really has *Bartonella*.

So that was our first clue but then it became clear that we'd made a connection between the immuno-compromised patients who had AIDS and who had BA and immuno-competent patients who had cat scratch disease. And since the early part of the 20th century people had been looking for the agent of cat scratch disease and so for probably 60, 70 years even, and this turned out to be the agent of cat scratch disease. And so to show you the difference in presentation after infection with the same organism, you can see this is a healthy young boy who was scratched on the thumb here and then went on in the next two weeks to develop these papular lesions that then vesiculated (Slides not shown). He then developed at two weeks ipsilateral lymphadenopathy and 6 weeks and 8 weeks. And so this is what cat scratch disease looks like and I was telling people at lunch this is actually the most common vector-borne disease in the United States.

And here is a particularly difficult case that I've been dealing with (Slides not shown). Wes van Voorhis said, University of Washington, this woman is still infected and she's had multiple infections even though she is immuno-competent. So it is, it can be a substantial problem. So this was the agent of cat scratch disease, it was associated with cats and it was *Bartonella henselae* and, by this time, I have been able to grow it right out of those BA lesions.

[Slide 17]

And I knew that it wasn't just *Bartonella henselae*, but it was also *Bartonella quintana*, to my surprise, that could cause the bacillary angiomatosis lesions. So that of course stimulated our interest to see where those people - what were those people exposed to, who had BA due to *quintana* species.

Two different *Bartonella* species can be isolated from bacillary angiomatosis lesions

- *Bartonella henselae*

OR

- *Bartonella quintana*

Koehler, et al.
New Engl J Med, 1992

Slide 17 Two different *Bartonella* species

[Slide 18]

And it turned out that the *quintana* patients unlike the *hanselae* patients were homeless and had lice infestation. And of course *Bartonella quintana*, although it had never been described previously in the United States, it was actually the agent of Trench fever and there was a tremendous interest militarily in the United States after World War Ⅰ because this was actually the single most common cause of morbidity - not mortality - in World War Ⅰ.

memo

Trench fever
塹壕熱．シラミの媒介により起きる．

morbidity，mortality
morbidity は罹患率．mortality は死亡率．

The two different *Bartonella* species are associated with different risk factors

- *Bartonella henselae*
  - cat bites/scratches, flea bites
- *Bartonella quintana*
  - lice infestation, homelessness

Koehler, et al.
New Engl J Med, 1997

Slide 18 Two different *Bartonella* and risk factors

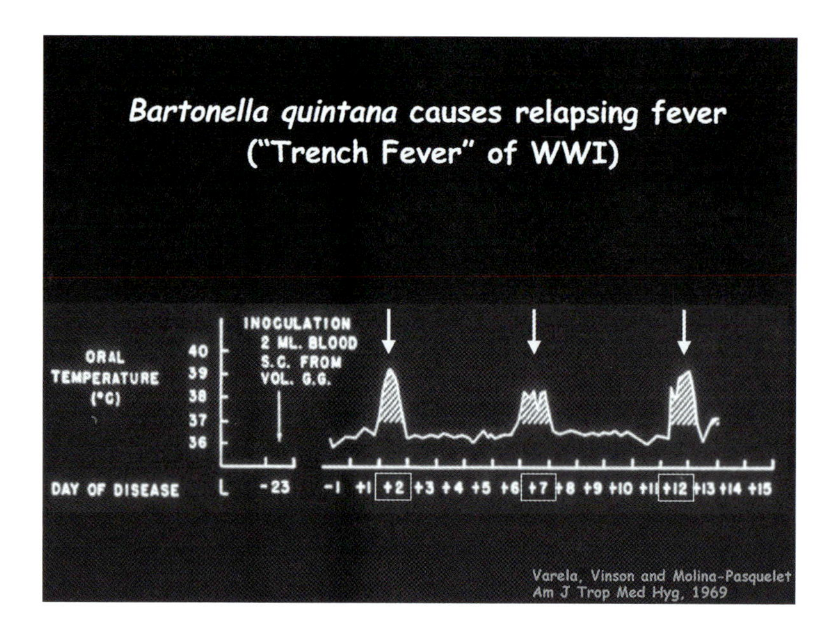

Slide 19 Trench fever in World War I due to *Bartonella quintana* infection

[Slide 19]

So even up to 1969, there were human experiments going on in the United States with inoculation with this agent, which surprises me, but basically there was a volunteer who was infected and 1 - - 2 ml of his blood were then injected into another volunteer and then at two days, well at actually 25 days after, the patient developed a fever to 40 and you can see that there was remittance and relapse, remittance and relapse, and actually every 5 days and that's very typical of the quintin pattern which is why it is called *quintana*. And this is our friend, the *Pediculus humanis* that we see in a lot of our homeless patients (Slides not shown).

[Slide 20] & [Slide 21]

And it turned out that the *quintana* lives in the mid gut of this organism and so here if you look at the intestinal epithelium here, the microvilli these are relatively intact. These are rather effaced and you can see the *quintana* hanging on and shedding as it divides. Shedding the bacteria in the feces. And then, these are deposited at the site of the bite, and the human actually self-inoculates at the time they scratch the bite.

So what we had found was we'd gone from the wrist which was truly the first

memo

40
40℃のこと．USAでは，華氏（Fahrenheit）が一般に使用されている．

remittance and relapse
（一次的）回復と再発

quintin
5日目ごとの

Pediculus humanis
ヒトジラミ

microvilli
microvillus（微絨毛）の複数形．腸絨毛のこと

These are rather effaced
「腸絨毛が消失している」の意味

patient we'd seen at San Francisco General and then gone to culturing the organism, finding the risk factors, finding that there were 2 species and also defining more of the epidemiology.

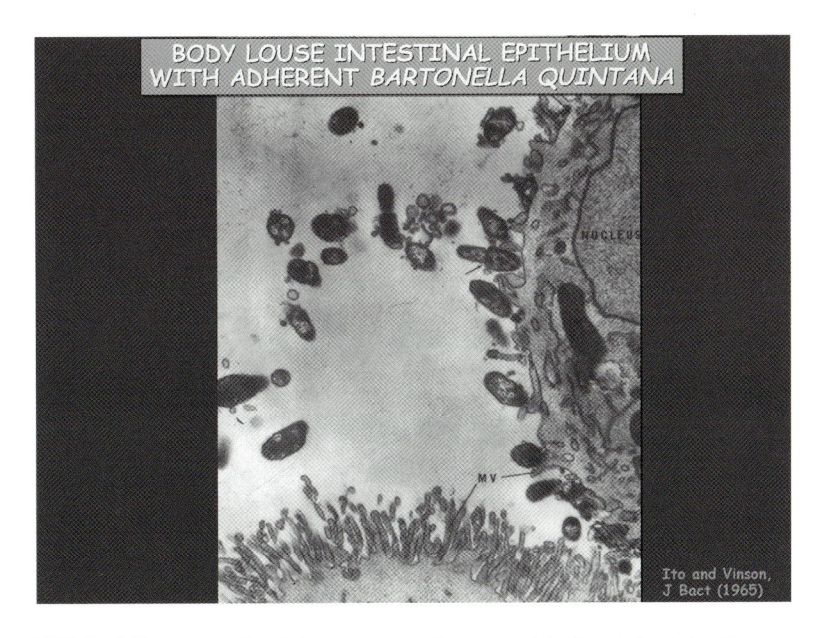

Slide 20 *Bartonella duintana* attaching to epithelia of the intestine

SUMMARY
Bartonella species cause different manifestations depending on host immune status

- Immunocompromised host
  - bacillary angiomatosis (BH, BQ)
  - bacillary peliosis hepatis (BH)
  - persistent bloodstream infection (BH, BQ)
  - heart valve infection (BQ)

Slide 21 Different manifestations of *Bartonella hanselae*- and *Bartonella quintana*-infection in immunocompromised hosts

Slide 22 Only one *Bartonella* species found in 1993

[Slide 22]

So I think that this sums up what it's like to work on an emerging pathogen.

This slide, this is when I was toward the end of my post-doc and there was a single species within the *Bartonella* genus.

[Slide 23]

And this is what it looks like now. And in fact it doesn't look like this. There have been 3 more in the last 3 weeks. So there are many many species now, and in fact only those shown in yellow cause or have been isolated from humans.

[Slide 24]

So it's very clear that this has all been discovered because of those first AIDS patients which is kind of how emerging pathogens develop. And it's clear that *Bartonella* occupies a very interesting ecological niche and chronic - it causes chronic bloodstream infection in mammals. There are probably dozens more *Bartonella* species. The vectors include cats, fleas, mites, lice and perhaps ticks. It multiplies in the arthropod gut. It's then shed in the feces and transmission probably occurs via mechanical inoculation.

Okay, so that was the work I had to do for 8 or 10 years before I can get back to the pathogenesis. I left the *Chlamydia* way behind. This was so interesting and it's

memo

ecological niche
生態学的地位

mites, lice and perhaps ticks
mite はダニ，lice はシラミ，tick はコダニ．tick は mite の一種で大型の寄生虫

arthropod gut
節足動物の腸

This was so interesting ～ where it can lead you.
これが彼女のメッセージである．

BARTONELLA SPECIES
2005

- Bartonella bacilliformis
- Bartonella quintana
- Bartonella vinsonii
  - subsp. arupensis
  - subsp. berkhoffii
- Bartonella henselae
- Bartonella elizabethae
- Bartonella taylorii
- Bartonella grahamii
- Bartonella doshiae
- Bartonella tribocorum
- Bartonella clarridgeiae
- Bartonella alsatica
- Bartonella koehlerae
- Bartonella birtlesii
- Bartonella schoenbuchensis
- Bartonella capreoli
- Bartonella bovis (weissii)
- Bartonella chomelii

Slide 23 Many *Bartonella* species found by 2005

SUMMARY
BARTONELLA ECOLOGICAL NICHE

- Chronic bloodstream infections in mammals
- Probably dozens more *Bartonella* species exist
- Vectors include cats, fleas, mites, lice, ?ticks
- Multiply in arthropod gut, are shed in feces
- Transmission probably mechanical inoculation

Slide 24 Characteristics of *Bartonella* species

for all of you who are students I would just say I never anticipated going down this path, so keep your eyes open because you never know what exciting thing you might see sometime or get interested in and where it can lead you.

So back to the pathogenesis, so that began about 5 years ago, and my lab is very interested in studying what are the mechanisms utilized by the *Bartonella quintana*, that particular species to survive and persist in the human bloodstream.

memo

establish persistence
「生存し続ける」という意味.

intracellular residency
細胞内居住. 通常, 細菌は動物細胞外で生きるが, ある種の細菌は細胞内に入り込み, 細胞内で増殖する.

[Slide 25]

So there are a number of mechanisms used by bacterial pathogens to establish persistence.

And these include antigenic and phase variation of surface structures like occurs in malaria and trypanosomiasis.

Another is intracellular residency in non-phagocytic cells and for *Bartonella* we have evidence of this and we have evidence of intracellular residency in erythrocytes and in endothelial cells.

MECHANISMS USED BY BACTERIAL PATHOGENS TO ESTABLISH PERSISTENCE

- Antigenic/phase variation of surface structures
- Intracellular residency in non-phagocytic cells
  - erythrocytes, endothelial cells

Slide 25 Mechanisms and strategy used by *Bartonella*

[Slide 19] & [Slide 26]

So *Bartonella quintana* persistence in relapsing infection that I've just shown you suggests antigenic and phase variation as a virulent strategy for this organism. Now this particular virulence strategy confers the ability to escape the host immune response and enables fine-tuning of receptors and adhesins to adapt to different niches and environmental conditions. Virtually all of these variable structures are essential for colonization or survival within the host and, not surprisingly, most of these are on the outer surface of the bacterium since that's what the host immune response sees. So we thought we'd start with the most logical place which was what's on the surface of *Bartonella* (see **Slides 27 & 28**).

Bartonella quintana persistence and relapsing infection suggest antigenic/phase variation as a virulence strategy

- Confers ability to escape host immune response
- Enables "fine-tuning" of receptors/adhesins
  - to adapt to different niches, environmental conditions
- Virtually all variable structures are essential
  - for colonization or survival within host
- Most variable structures are on the bacterial surface

Slide 26 Virulence strategy by *Bartonella quintana*: Antigenic/Phase variation

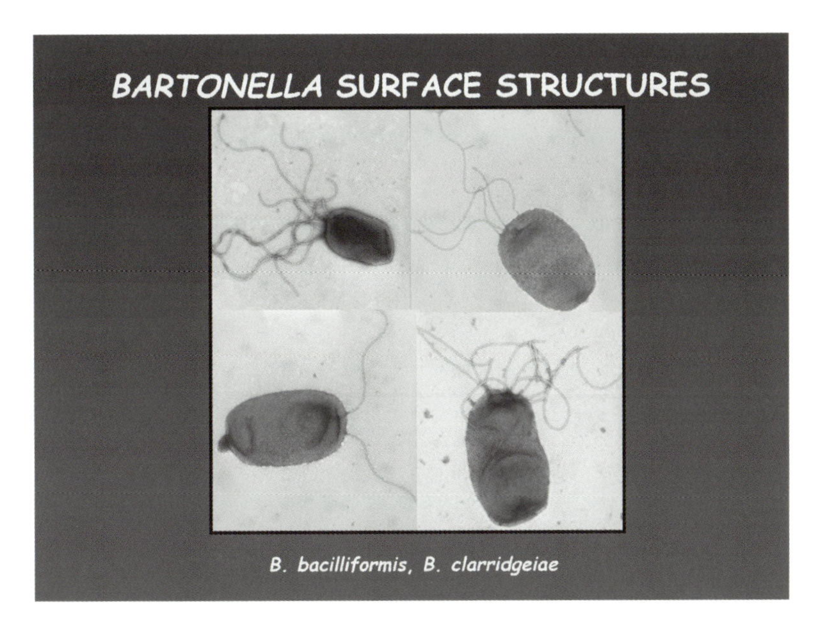

Slide 27 *Bartonella* surface structures

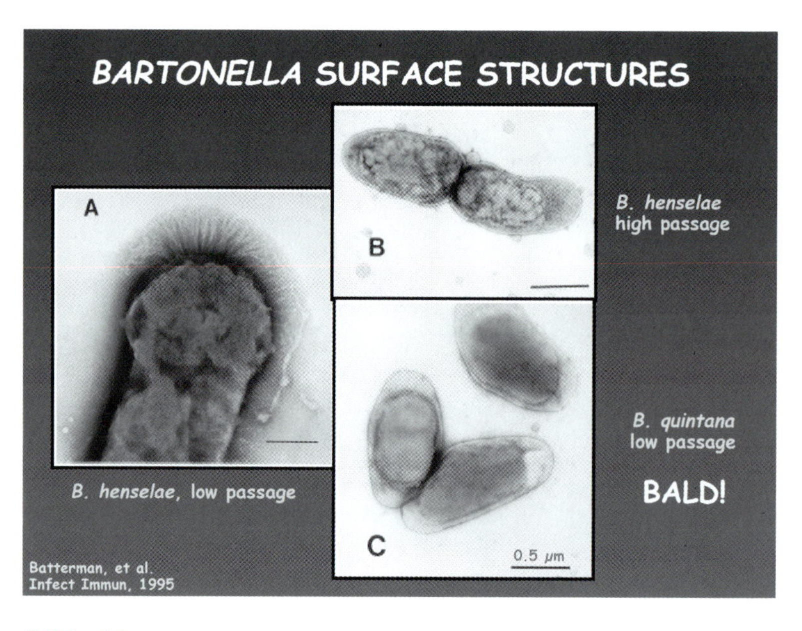

Slide 28 *Bartonella* surface structures

Column 発表の訓練

NIHでのポストドク時代に，日本からの偉い先生を空港にお送りすることがよくあった．午前に発つ便が多く，weekdayにあたると帰りにmuseumに1～2時間寄ったりした．土日には混んでいるところもすいているので，見たい絵をじっくり見ることができた．そのようなある時，小学生が5～6人先生に引率されているところを見かけた．1つの絵の前でああだこうだ言っている．よく聞いていると，“………. That's why I think this picture is so interesting.”というようなことを一人がとうとうと話し，また聞く側の子供らもああだこうだと質問している．要するに，彼らは子供のときから人前できっちり主張する訓練を日常教育の中で受けているのだ．ディベート術と英語力の2つで私は日本人がbehindであると感じた．

50歳前後の教授級の研究者が，NIHの夜のセミナー室で一人でスライドを流しながら発表練習をしているのを見たこととあわせて，口頭発表における説得力がどこから生まれてくるかがわかった．

（*T. Yamamoto*）

Live Lesson

Live-2 異常プリオン検出のための新手法の開発

テーマ

Designing analytical tests for abnormal Prion detection

講演者

Dr. Mary Jo Schmerr

（Iowa State University, USA）

Mary Jo Schmerr（メァリー・ジョー・シュメアー）：1975～2005年国立 Animal Disease Center（米国アイオワ州エイムス市）化学研究員，2005年～アイオワ州立大学エイムス・ラボラトリー化学研究員．動物の病気を研究するための微量解析技術（キャピラリー電気泳動，微量解析液体クロマトグラフィー）の応用，特に，キャピラリー電気泳動技術を用いた異常プリオンタンパク質同定の研究開発に取り組んでいる．また，動物の病気における糖構造の役割に関する研究も進めている．

本稿の音声は，2005年3月3～4日に東京大学医科学研究所において開催されたシンポジウム "Infection —Symposium on emerging and reemerging infectious diseases—"における Mary Jo Schmerr 博士の講演を録音したものです．
本書では，講演の一部を抜粋して掲載しています。

リスニングのポイント

メァリー・ジョー・シュメアー博士の英語も典型的なアメリカン・イングリッシュです．**Live-1** のジェーン・ケラー博士の場合の時も同様ですが，過去形の-ed の発音，あるいは the の発音が判別しにくい時があります．このような時，多くの場合は，過去形であろうが，現在形であろうが，あるいは the がついていようがいまいが，話の流れから判断できるため，意味的にはそれほど大きく変わりません．したがって，これらの点に関しては，あまり神経を使う必要はないでしょう．また，はっきりと聞き手に知って欲しい時は，話し手は明瞭に発音します．

なお，トランスクリプトは，部分的に編集されている部分があります．例えば，実際のトークでは gonna や wanna と話しており，トランスクリプトでは be going to，want toと記されている場合があります．

サマリー

博士の研究テーマはプリオン病に関するものですが，多くのプリオン病研究者とは異なり，テーマは遺伝子機能に関連したものではなく，異常プリオンそのものの検出感度を上げることにあります．現代分子生物学がここまで生命に深く切り込めたのは，ひとえに解析テクニックの出現，進歩のおかげあることを考えると，このような研究開発は非常に重要なものであるといえます．

現在のところ，プリオン病の診断が確定されるのは，ヒトであれ動物であれ，死んだ後（post-mortem）の脳の検査結果からです（したがって，現在治療法は存在していません）．博士は，異常プリオンの検出感度を上げることにより，動物あるいはヒトが生きている間に（ante-mortem），異常プリオンに感染しているかどうかを検出しようとしています．用いるサンプルは血液であり，血液中の異常プリオンを検出するためには，femtomole（10^{-15} mole）から attomole（10^{-18} mole）レベルのものを検出できる感度が必要であるとしています．プリオンペプチドに対する抗体，新たに開発した分離・濃縮テクニック，そしてキャピラリー電気泳動（CE）の使用などにより，第一世代の解析技術を完成させています．これは，現時点では最高の感度をもつ技術といえます（しかし，まだパーフェクトなGold Standardとは呼ぶことができず,いくつかの問題が存在しているようです）．

参考文献

1）The Use of Capillary Electrophoresis and Fluorescent Labeled Peptides to Detect the Abnormal Prion Protein in the Blood of Animals that Are Infected with a Transmissible Spongiform Encephalopathy. Schmerr, M. J. et al.：J. of Chromatogr. A., 853：207-214, 1999

2）Analysis of the performance of antibody capture methods using fluorescent peptides with capillary zone electrophoresis with laser-induced fluorescence. Jackman, R. & Schmerr, M. J.：Electrophoresis, 5：892-896, 2003

3）"Detection of the prion protein in blood using a fluorescence immunoassay. in Prions and Mad Cow Disease"（ed. Nunnally and Krull), Schmerr, M. J. & Alpert, A.：Marcel Dekker, Inc New York, NY. 359-377, 2004

4）"Do animal Transmissible Spongiform Encephalopathies pose a risk for human health?" in Pre-harvest and Post-harvest Food Safety, Schmerr, M. J.：Contemporary Issues and Future Directions, Iowa State University Press, 2004

5）Detection of prion protein using a capillary electrophoresis-based competitive immunoassay with laser-induced fluorescence detection and cyclodextrin-aided separation. Yang, W.-C. et al.：Electrophoresis, 26：1751-1759, 2005

[Slide 1]

4-05

達成度

Thank you very much Dr.Yokoyama, and I'd also like to thank the organizing committee for inviting me to come to Tokyo to make this presentation.

It's one of my favorite topic to talk about, using analytical technology to address animal diseases in my particular case. And that's why the sheep are up there. This work all started with the sheep and I think it might not end with the sheep. Hopefully we'll get to the human side too.

memo

up there
Slide 1の羊の写真が頭上スクリーンに映し出されているために "up there" と言っている.

Designing Analytical Tests for
Abnormal Prion Detection

Slide 1 Title

[Slide 2]

Okay, some of the major questions that we have left to answer in prion research are : we need to do full characterization of this abnormal prion protein, as you've heard in Dr. Horiuchi's talk ; we are not really - do not have this mechanism completely figured out, where the sites are binding, etcetera, so this is a major problem that's still left to be done.

Dr. Horiuchi's talk
シンポジウムでのSchmerr博士の前の講演者. 北海道大学の堀内基広博士. モノクローナル抗体を用いた, *in vitro* および *in vivo* での異常プリオン形成阻害メカニズムについて講演した.

[Slide 3]

We also don't understand the cell biology that's involved in the transmission of this disease and we're in the process right now of identifying all the tissues and fluids that do contain the infectious prion protein. That number has increased tremendously in the past 2 or 3 years because we have better and sensitive tests that can pick those up.

Major Questions

Full characterization of the abnormal prion and the molecular mechanism involved in the conformation change from the normal to the abnormal.

Understanding of the cell biology involved in transmission

Identification of the tissues and fluids that contain infectious prion protein

Efficient methods to strain type the prion or to give a signature to each abnormal prion

Rapid, inexpensive, automated, robust, sensitive tests are needed to test animals prior to showing clinical disease

Drugs to prevent infection or to treat pre-clinical individuals

Slide 2 Major problems to be solved for prion reseach

Testing for Transmissible Spongiform Encephalopathies

Post mortem diagnosis

Tissues –Brain, Central nervous system tissue, Lymphoid tissues

Tests – Histology, Immunocytochemistry, Immunobot, ELISA

Metabolic Tests

Tissues – Cerebral Spinal Fluid and Plasma

Tests – 14-3-3 protein, Fourier Transformed IR

Ante mortem diagnosis

Tissues – Lymphoid tissue and brain biopsy, blood and urine

Tests – Immunocytochemistry, Western blot, and Fluoresence immunoassay

Slide 3 Testing samples and systems

And the part that I'm going to spend most of my talk on is on development of analytical tests that are rapid, inexpensive, automated, robust, sensitive and that can be used to show a clinic before you have a clinical disease in the animals, and that I will spend a good share of the talk in that.

memo

Post mortem, Ante mortem
post-mortem は死後の（診断），ante-mortem は死の直前の（診断）．なお，よく似た言葉として autopsy（検死解剖検査），biopsy（生体組織検査）がある．

robust
安定でしっかりとした

to show a clinic
to show a clinic は言い間違いと解釈した方がよい．

have a clinical disease
have a clinical disease は「発症する（病気の症状をみせる）」の意味．プリオン病であるかどうかの診断は，発症して死んだ後に下される．博士は発症前もしくは発症中の生きている時に診断できる系を開発しようとしている．

And the tests that are used is immuno-cytochemistry and that's the same as for the brain, Western blot and then the fluorescence immunoassay which is the assay that I'm trying to develop.

[Slide 4]

Now there is a quite a few challenges and hurdles to cover when you work with this particular protein. First of all you have an aggregated protein as you've just heard in the first talk. And this protein is really very insoluble in biological buffer systems, it has the solubility of - as one of my friends said - of Teflon. So it's not very soluble.

memo
first talk
このシンポジウムにおける最初のプレゼンテーション.

Challenges and Hurdles

1. An aggregated protein that is insoluble in biological buffer systems.
2. Concentrations of the protein are in the ng/mL range in CNS and in the pg/mL range in body fluids
3. Most approaches use solid phase assays.
4. Western blot is qualitative not quantitative.
5. Current "Gold Standards" do not identify new strains or forms of TSEs
6. Main hurdles for assay development
   a) The need for a method that solubilizes and concentrates the protein
   b) A sensitive testing method
   c) A method that used a liquid phase assay.

Slide 4 Challenges and hurdles to be overcome

[Slide 5]

And the concentrations in the body fluids are lower than you will find in the brain and central nervous system tissue. They're in the low nanogram range and often in the picogram range.

So this is a challenge to a - analytical test systems and other systems to do this.

Part of the problem is some of the tests that we do have are rather qualitative tests. They're not quantitative. So it would be nice to be able to quantitate the amount.

body fluids
体液. 代表的なものとして血液, リンパ液がある. ただし, この場合は脳や中枢神経組織由来のものは含まれていない.

we do have
do は強調のためのもので, 逆説的に言えば, 博士の研究目的は, この点（定量的）に関係したものであることが推測できる.

So it would be nice to be able to quantitate the amount
非常に穏やかな言い方であるが, この部分が, 博士の研究の重要なテーマである.

memo

HPLC
High Performance Liquid Chromatography

Potential Analytical Tests [Capillary Electrophoresis and HPLC with Laser-induced Fluorescence]

Automated

Analysis by software

Quantitative

Inexpensive

Specific

Robust

Sensitivity in the fmole - attomole range

Slide 5 Advantages using capillary electrophoresis and HPLC system

gold standards
standards（標準法）に gold をつけているため，意味的にはパーフェクトな標準法となる．しかし，これらのスタンダードは実は欠点だらけである．誰かが使用した gold standards という言葉を揶揄しているものと思われる．

TSEs，BSE
TSE は伝達性海綿状脳症（Transmissible Spongiform Encephalopathy）．一般名であり，いわゆるプリオン病を意味する．BSE は牛海綿状脳炎（Bovine Spongeform Encephalopathy），すなわち，ウシに関する場合の呼び名である．

scrapie
スクレイピー病．ヤギやヒツジにおけるプリオン病．

ELISA
Enzyme-Linked ImmunoSorbent Assay

Another problem that we have is the gold standards that we have now do not identify some of the new strains of, or forms of, TSEs. The new form of BSE, one of which was found here in Japan, was not positive on the gold standard immuno-cytochemistry but positive in Western blot. And there's been a new form of scrapie that also had the same kind of a problem ; it was positive on the ELISA test and Western blot but not positive on immuno-cytochemistry. Now that was the main screen that people had used prior to the development of these other technologies, so we may be missing some cases and those may be the more dangerous ones, not the common kind of BSE that we know.

[Slide 6]

Now when you're going in to make an analytical test, there's some main hurdle that you have to go through. First of all, I recognized very early in this test development is that we needed a method that would solubilize and concentrate the protein. We have a low abundance protein and you have one that's not soluble, so you have to get this out of the tissue. Then you need a sensitive testing method.

And fortunately there's been spent a lot of development in analytical chemistry for moving towards development of really small amounts of material and, even in some cases, single cells.

And then we wanted to use a method that was in a liquid phase because all the analytical instrumentation requires that you apply things in liquid phases. Unlike the ELISAs, the Western blot, and the immuno-cytochemistry, which are all solid phase tests, we need to find one that would really handle a liquid phase assay. So the analytical test systems are really become very sensitive, being pushed by first by the genomics push and now the proteomics push.

memo
instrumentation
機器の使用

And we're looking for sensitivity in the femtomole range, which is 10^{-15} and actually this would be much better 10^{-18}, which is equivalent to about 100,000 molecules. So that's the range we would like to be testing them.

□★
□★★
□★★★

this would be much better 10^{-18}
this would be much better（if the range is）10^{-18} の意味と思われる.

So the first thing I did was try to develop a method to solubilize the prion protein. And there was a paper published in about - in the mid 1990s that talked about a solvent called hexafluoroisopropanol. This is a solvent that's been used to solubilize peptides that are insoluble. We found that this solvent had been reported to solubilize the abnormal prion protein.

And so we used that solvent to extract the abnormal prion protein out of the tissues and were able to develop a method that we could apply that protein to an HPLC column.

So we could isolate and purify the prion protein using high performance liquid chromatography. And we used a special kind.

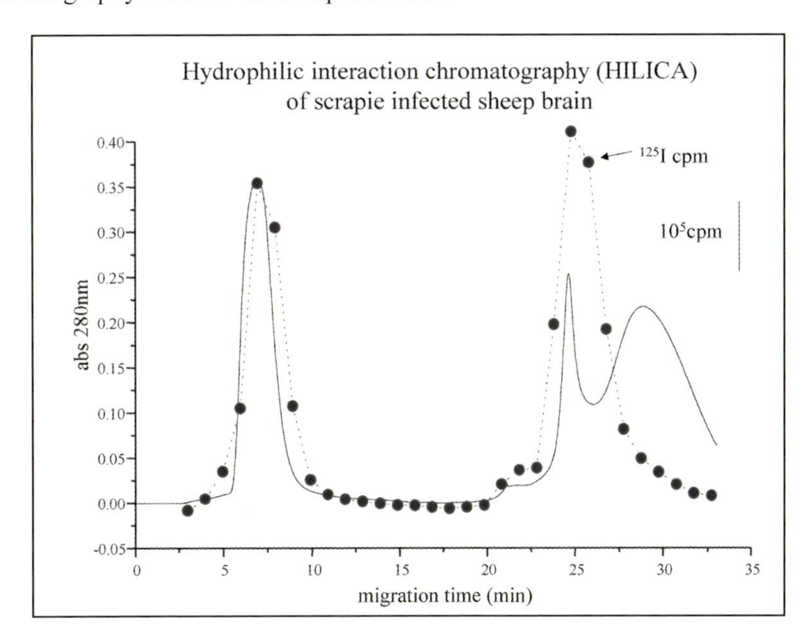

Slide 6 Solubilization and separation of scrapie prion protein

So we call this chromatography "hydrophilic interaction chromatography" or we say HILICA for short. And we used just straight.

Look at the chromatogram of the scrapie sheep brain - it was infected - and we got a trace like the one I just showed and then when we iodinated the protein - put it back on the column - we iodinated the purified peak here, which is the region where we found in the prion protein activity - when we iodinated that with 125, and put it back on, we found that, indeed, we had done some purification but we still had a big peak in the fall-through volume of the column.

memo

iodinated that with 125
^{125}Iのことで，ヨウ素（I）の放射性同位体であり，γ線を放射する．*in vitro*条件下で化学反応により，タンパク質（Tyr残基）に^{125}Iを共有結合させることができる．なお，**Slide 6**のcpmはcounts per minuteを意味し，放射活性（放射能）を示す．

fall-through volume
サンプルをローディングした後，分離されることなくそのまま通過した部分（volume）．**Slide 6**の7番目のフラクションをピークとする部分に対応．

this fraction 25
Slide 6と**Slide 7**の実験では，同じサンプルが使用されている．したがって，フラクション25は^{125}Iでラベルされたタンパク質（**Slide 6**参照）が存在しているフラクションである．

[Slide 7]

And when we measured by specific antibody, the binding where the activity for the prion protein was, we found that there was a little bit that fell through on the column but most the activity was in this fraction 25. So that gave us an indication that, now, we could have a method to extract and purify the protein.

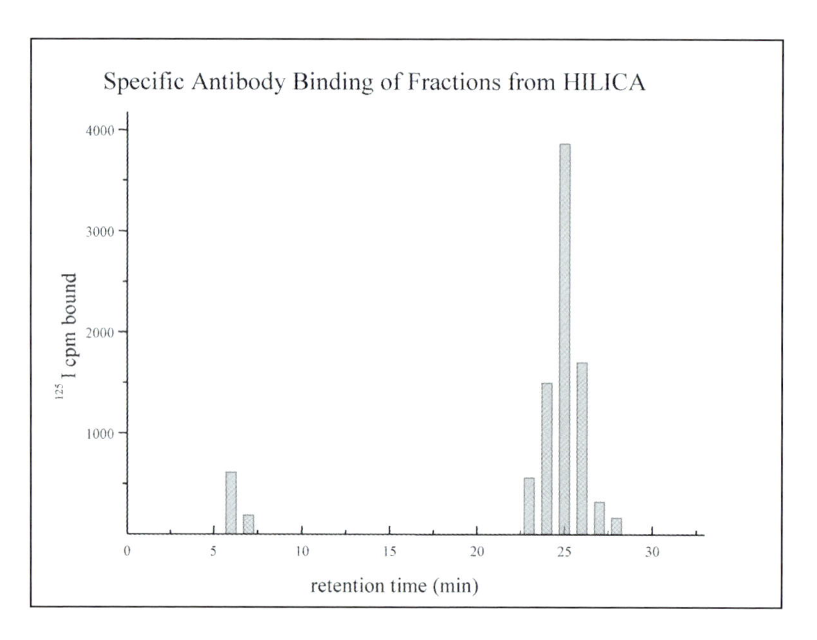

Slide 7 Concentration of prion protein using HILICA

[Slide 8]

But HPLC columns are rather expensive, $600.00 per column, and if you foul the column by putting too many scrapie sheep brains on, you've lost the column, and you cannot afford to purchase a new column every 2 weeks.

So we developed this method where we actually put that same material that was in the column - in the HPLC column - into a small cartridge.

And so we went for blood in the beginning, and if you take 15 milliliters of blood from an infected - from a sheep and collect the buffy coat (and many of the pictures like seen here today are much prettier than my buffy coat) and you freeze and thaw that sample and treat it with DNase to remove all the problems you have, handling the sample with DNase and then go ahead, and treat it with proteinase K, which you have just heard destroys the normal prion protein, you end up with a mixture of the abnormal prion and peptides etcetera in the tube.

If you extract now with hexafluoroisopropanol, and you can separate that apart by adding a salt which forces the organic solvent to the bottom of the tube. This is a very old separation technology in chemistry. And then you end up - you could take the hexafluoroisopropanol which is heavier than water and put it into a tube and you can now dry that down and you have concentrated your sample considerably.

memo
buffy coat
バッフィー・コート．血液が凝固しない条件下で遠心すると，底部に赤血球層が沈澱し，その上部に白血球層が薄く集積し，トップに血漿の層ができる．この白血球層部分をbuffy coatという．

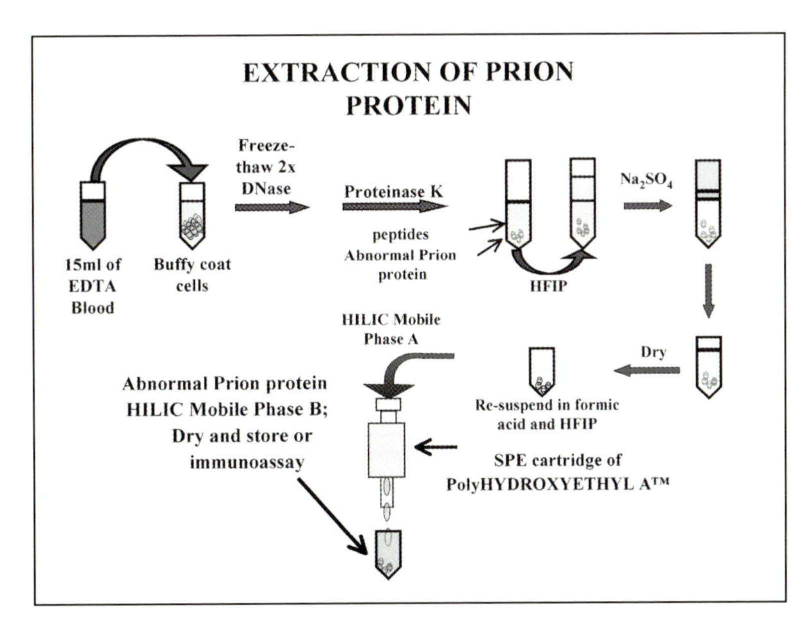

Slide 8 Extraction of prion-containing sample and purification of prion protein

memo
the mobile phase
サンプル（プリオン）を含んでいる相．核酸のフェノール抽出の場合，mobile phase（移動相）は水相の方である．

If you resuspend that sample in formic acid, hexafluoroisopropanol, and some of the mobile phase which contains some acetonitrile, you can get - keep the abnormal prion in solution and then we use this little clean-up cartridge from the same material that we used in the HPLC column, and we collected the sample at the bottom.

And then you could dry this and now we've made a 5,000-fold concentration of our sample. So we are brought into the range of the testing system.

[Slide 9]

We use capillary electrophoresis, which is a fairly new technology ; it was just - commercial machines just became available in the mid 1990s but I quickly wanna go over this. It separates proteins in many ways, but the way I used is called capillary zone electrophoresis which separates by size and charge, and basically you just put a charge over a capillary that's filled with a buffer and you march those proteins past a detector and this case, it's a laser-induced fluorescence detection system and it goes to acquisition system where you can do your analysis and keep the data there. Store the data.

So this is a capillary.

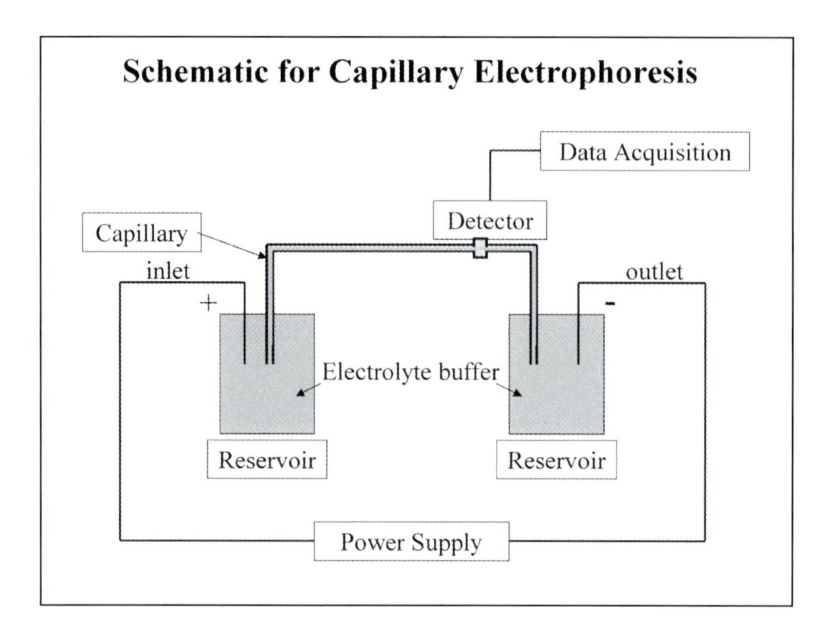

Slide 9 Capillary electrophoresis

[Slide 10]

In the system we wanted to use the prion protein - was difficult to make antibodies just to the prion proteins. So we used the peptides from the prion protein, and this is the same peptide that gave some protection in the last speaker's talk where we used the two-, this is 218 to 232 - this is the sequence of the sheep peptide. We had that synthesized with fluorescein attached during the synthesis. So we knew where the fluorescein was because it would derivatize some of the other amino acids if you did it chemically and then we could know the position as well.

達成度

Prion Peptide – antibody pair

Fl-RESQAYYQRGASVIL

Rabbit polyclonal Antibody – affinity purified

Slide 10 Raising antibody against a synthetic prion peptide

[Slide 11]

And when we did this we got one nice sharp peak, we had polyclonal antibodies made to that, and then they were affinity purified over a peptide column. And when you run this on a capillary electrophoresis, if you just look at the peptide alone, you see a nice sharp peak like this. If you add antibody to the reaction, you get two peaks, one here, and one here. This (= the left of the two peaks) represents the immunocomplex, this (= the right peak) represents the free peptide, here and here.

And it's very nice because it's a quantitative assay. We conserve all our fluorescence. We can find that if we can make a ratio to those two peaks, we can

memo

In the system we wanted to use
実際は，In a system we wanna to use と言っている．

the same peptide that gave some protection in the last speaker's talk
この protection はあるプリオン部分に対する抗体は，正常プリオンが異常プリオンに変換されることを防ぐことを指している．

that synthesized with fluorescein attached
Slide 10 に示されているように，蛍光色素（Fl）は，合成ペプチドのアミノ末端に共有結合している．

you see a nice sharp peak like this
Slide 11 の左端のピーク（ペプチドのみで抗体なし）．

two peaks, one here, and one here. This (= the left of the two peaks)
Slide 11 の左から 2 番目の図（2 つピークがある）．2 つのピークの左側のピークが抗原抗体複合体である．

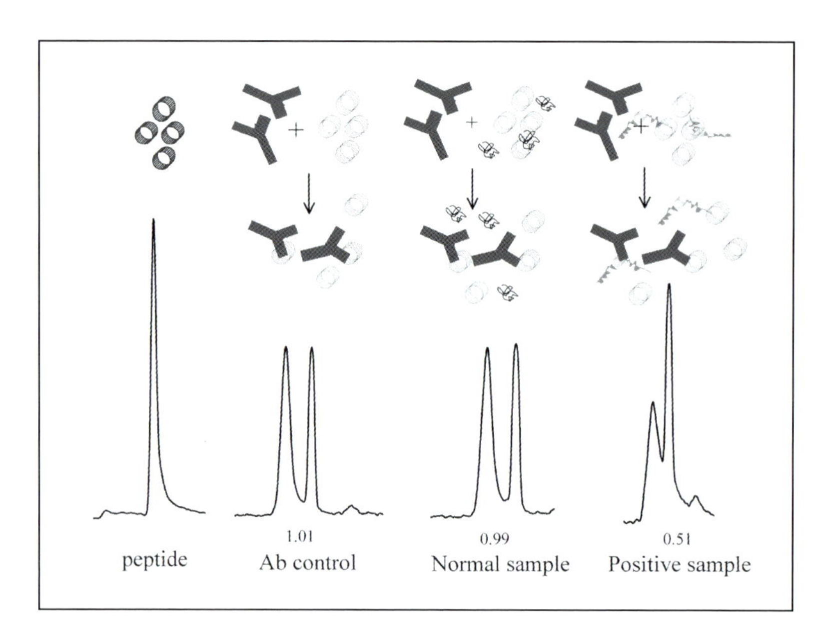

Slide 11 Competition assay system

memo

if we use normal ～ a little bit
Slide 11 の右から2つ目の図を参照．

with a reduction in this complex peak
Slide 11 の右端の図を参照

the error bars
ここでは，エラー領域は error bar では示されていない．実験では triplicate sampling（3点どりのサンプリング）が行われており，これらの3つの値のぶれを error bars と呼んでいるようである．

overnight - or 16 hours - to reach equilibrium
本書には含まれていないが，講演の後半部で，10～15分で平衡状態に達する改良型の実験系を紹介している．

look to see if our system of extraction perturbates those peaks, and if we use normal sheep sample we see that those peaks may change a little bit - that ratio may change - but basically it stays the same.

But if you add a sample that contains the sheep scrapie or the abnormal prion protein, we end up with a reduction in this complex peak (Note: see the reduced peak (the ratio of 0.51 in the furthest right panel), because the prion is competed for the peptide - for the antibody binding site.

You see an increase in your free peptide peak and you can make a ratio and those are quantitative. After we worked this system through, we transferred this technology to the laboratory in England in Weybridge, and they had 3 operators who did the pipetting.

[Slide 12]

And look at the error bars and actually that's a very nice, it's with less than 6%, which is good for an analytical assay, but the one problem we had is the antibody took overnight - or 16 hours - to reach equilibrium. So if you added the antibody and tried to measure it right away, you wouldn't see the nice two peaks.

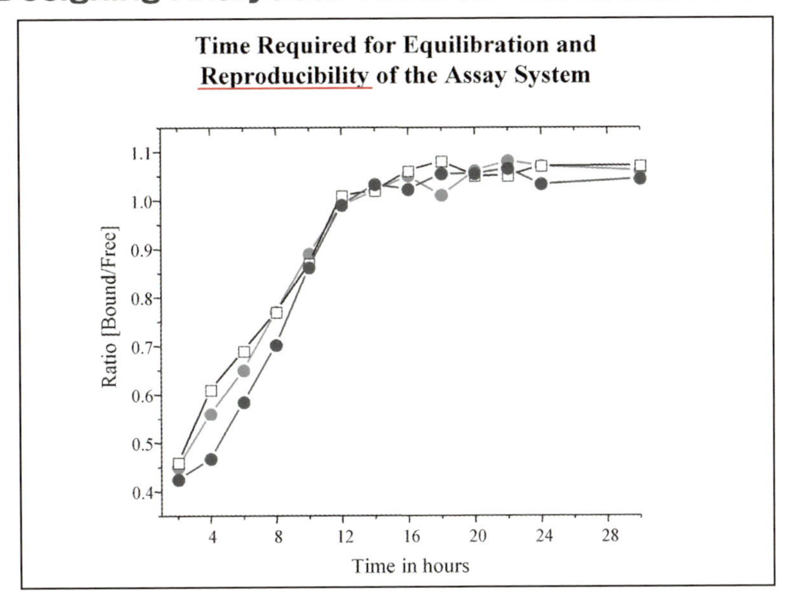

Slide 12 Reproducibility of the assay system

memo
Reproducibility
（実験結果の）再現性

[Slide 13]

And then they went ahead.

They have many, many sheep that they can test, and they looked at these different breeds of sheep and all of these sheep that they looked at on this slide came from New Zealand, which means that they should be scrapie-free.

And the range of the assay that they got in the blood assay for all of the sheep

they went ahead
they は既述のイギリスのラボのメンバーを指す．went ahead は，実験を進めていったという意味．

sheep
sheep は複数形も sheep

New Zealand，scrapie-free
他の国々と異なり，ニュージーランド（そしてオーストラリア）は羊のプリオン病であるスクレーピーが，数十年間観察されておらず，scrapie-free の国とみなされている．このため，この国の羊は negative control として対照実験に用いられている．

Summary of normal sheep

Breeds	Ratio Range	Age	Genotype
Swaledale	0.88-1.20	(11) 7 months	19 VRQ/VRQ
Poll Dorset		(15)10 months	14 ARQ/VRQ
Cheviot		(3) 11 months	4 ARQ/ARQ
Suffolk		(2) 12 months	1 ARR/ARR
		(12)24 months	3 AHQ/AHQ
		(13) unknown	2 unknown

Slide 13 Various breeds of sheep with various genotype

Step 4
ライブ講演にトライ！

they tested was 0.88 to 1.2, which said they were all negative in our system.

And then they did several different ages of sheep because they wanted to see if the age of the sheep affected . . . and they used several genotypes of sheep as well. There are certain genotypes in sheep that are more susceptible to getting scrapie than others.

memo

susceptible to
感受性がある（すなわち感染しやすい）

This genotype (= Swaledale-VRQ/VRQ), the sheep are very susceptible. This genotype (= Cheviot-ARQ/ARQ), they're susceptible. This one (= Suffolk-ARR/ARR) is a particularly resistant genotype and these (Genotype AHQ/AHQ) are also susceptible. And then the heterozygotes (=Poll Dorset-ARQ/VRQ) also were tested.

And none of those sheep were positive in the assay.

Then they looked at sheep that were from 7 to 12 months of age.

[Slide 14]

And they looked - had done all the work-up on the genotypes of the sheep. At the same time they took a blood sample, they did a tonsil biopsy and a third eyelid

tonsil, third eyelid
tonsil は扁桃腺．third eyelid は第三眼瞼．ともにリンパ組織が存在し，異常プリオンが蓄積していると考えられている．これを調べるために biopsy（生検）を行った．

Sheep ID	Blood Ratio	Tonsil	Eyelid	Brain	Genotype
SW R5047	0.34	+	+	+	VRQ/VRQ
SW R5029	0.38	+	+	+	VRQ/VRQ
SW R5037	0.39	+	+	+	VRQ/VRQ
CHE R5090	0.39	+	+	+	VRQ/VRQ
SW R5710	0.46	+	-	+	VRQ/VRQ
CHA R5029	0.50	+	+	+	VRQ/VRQ
WM R 5711	0.59	+	-	+	VRQ/VRQ
SW R5039	0.53	+	-	+	VRQ/VRQ
CHE R5094	0.67	+	+	+	VRQ/VRQ
WM P3137	0.70	+	+	+	VRQ/VRQ
SW R5067	0.84	+	+	+	VRQ/VRQ
SW R5037	0.84	+	+	+	VRQ/VRQ
	1.05± 0.07				

Slide 14 Relationships among the competition ratio of blood sample, genotype, and pathological features of the tonsil, third eyelid, and brain
The ratio of 1.05 represents the normal competition ratio detected in the absence of the abnormal prion protein.

The ratio of 1.05 represents the normal competition ratio
cut-off 値 1.05 よりも小さい比の場合は，異常プリオンが存在していることを示す．

biopsy - that's nicotating membrane of the sheep - and then they tested these by immuno-cytochemistry, and then they held the sheep and waited until they died, and then they confirmed by brain immuno-cytochemistry whether they were positive or negative.

These were all the susceptible genotype, and the ratios in the blood were all positive. The - Below this number (= 0.34) down here at the bottom (= 0.84), the animals were considered to be positive for sheep scrapie.

So this test picked up animals from 7 to 12 months at age.

[Slide 15]

This was a - we also transferred this technology to the CJD surveillance unit in Göttingen, Germany, and we looked at cerebral spinal fluid taken from several of the patients that they had there in this center, and we looked - did the same extraction protocol instead of using 15 milliliters, which is almost impossible for CNS - CSF.

We used 1ml of the cerebral spinal fluid, did the same extraction protocol, and what we found is that of the samples that we tested, there were 10 positive, and 16 and they were actually - all of these were positive at - they were confirmed positive, and so we had about 39%.

And then there were 4 samples because this is a difficult procedure that we

Detection of abnormal form of the prion protein in the cerebrospinal fluid in patients with sporadic Creutzfeldt-Jakob disease

Diagnosis	Fluorescent Immunoassay Results			
	# positive	# negative	%	Not readable
Definite and probable CJD	10	16	39	4
Controls	0	32	0	4

Slide 15 Assay of patients with sporadic CJD

memo

waited until they died
Slide 14 の tonsil（扁桃腺），eyelid（瞼），Brain（脳）の異常プリオンのレベルは，死後調べたものである．一方，Blood Ratio は羊がまだ生きている時に採取した血液から得た異常プリオンのレベルを示す．

CJD
Creutzfeldt-Jacob Disease の略で，ヒトの TSE（プリオン病）．ヒトの CJD にはさまざまなタイプがあるが，1995 年頃に新しいタイプの CJD がイギリスで発見され，これを New variant CJD と呼んだ．この New CJD は疫学調査により，BSE 由来であると結論され，現在進行中のウシプリオン病騒動の発端となった．

cerebral spinal fluid
cerebral spinal fluid（脳脊髄液）は，生きている患者から採取する．

CNS，CSF
CNS は Central Nervous System（中枢神経系），CSF は Cerebro-Spinal Fluid（脳脊髄液）

sporadic CJD
発散性 CJD．原因が特定できないタイプの CJD．

memo

we could not read; so we didn't call those
readは結果を読めない（判読できない）という意味．callは陰性，陽性のどちらとも呼ばなかったという意味．例えば，We calld this sample negative.（このサンプルを陰性とした）のように使う．陽性とも陰性ともいえない場合，we did not callとなる．read，callはある意味でこの種の分野での専門用語といえる．

they
他の研究者

this
博士たちが開発したテクニックを指す

FIA
Fluorescent Immuno-Assay

pre-clinically
診断できない時期，発症前．

could not read; so we didn't call those.

All the controls were negative.

And recently this assay's been improved; so they can detect about 50% of the CJD patients by looking at cerebral spinal fluid when the disease is presenting in the humans. And this is better than any other assay that's been done for cerebral spinal fluid.

The infection - the infectivity - when they do infectivity studies, only about 20% of those are positive and there was another test, but is very complicated - only picked up 20% of the people too.

So this was considerably better.

[Slide 16]

Okay, so just to summarize where we've been so far.

The FIA can identify sheep infected 7 to 12 months of age; we had about 6% for our intra-assay error.

The sheep from New Zealand were negative.

The sheep with the VRQ, which is a susceptible genotype, tested a hundred percent positive in the animals that we tested.

Summary

1. The fluorescence immunoassay (FIA) can identify sheep infected with scrapie pre-clinically (7-12 months of age)
2. The assay had an intra-assay error of less than 6.0%.
3. Sheep from New Zealand with both susceptible and resistant genotypes were negative
4. Sheep with the susceptible genotype VRQ/VRQ and died with clinical scrapie tested 100% positive when samples were taken at 7-13 months of age. Sheep with the genotype ARQ/ARQ had a correlation of ~ 85%.
5. Approximately 25% of sheep greater than 22 months and showing clinical signs were positive by FIA. (ARQ/ARQ or VRQ/VRQ)

Slide 16 Summary of the assay results

And the sheep with the genotype ARQ, which is also another susceptible genotype - there were about 85% of those animals positive.

And when we tested sheep that were older, the test didn't do so well.

The sheep that were close to clinical disease, only about 1/4 of the sheep tested positive. And we think that's a technical problem in our extraction protocol that causes the larger aggregates, maybe, that are leaking into the serum, to be screened out. So it's not successful for clinically presenting sheep in this case.

memo

close to clinical disease
発症時期に近いという意味（clinical disease は症状としてあらわれる状態）.

to be screened out
除外される．すなわち，スクリーニングを行ってもひっかかってこなかった．

clinically presenting sheep
プリオン病としての症状を示している羊

Column — Connect with your audience!

Whenever I organize an international symposium, most of the overseas speakers ask to know about the audience. Will it include medical practitioners? Researchers? Students? What are their scientific backgrounds? Usually the speakers who ask these questions end up giving the best talks. They tailor their presentations - the introduction they provide and the aspects and implications they emphasize - to target the interests and technical background of that audience. They seek to captivate the entire audience, students included. In fact, it has been my experience that the best scientists are particularly skillful at communicating to all levels. As an undergraduate student at Stanford, I had the great pleasure of hearing Arthur Kornberg lecture in a biochemistry course I took, and I left those lectures feeling I had understood. In covering subjects of utmost complexity, he had distilled the most essential points and placed them in a logical framework we could remember. Subsequently I carried out my Ph.D. studies at a medical school on the east coast that included Dr. Kornberg's biggest research rival. Indeed, the rival's lab often beat Kornberg's lab to big discoveries. However, when this brilliant scientist spoke, "What did he say?" was the question our eyes asked as we graduate students shared furtive glances of incomprehension. Was the difference between these two scientists a matter of talent, or simply their level of desire to communicate? I don't know the answer, but I do know that it was Arthur Kornberg who received the Nobel Prize.

(*R. F. Whittier*)

Step 4 ライブ講演にトライ！

Live-3

2004年ノーベル化学賞
ユビキチンによるタンパク質分解システムの発見

テーマ

The Ubiquitin Proteolytic System：From a Vague Idea through Basic Mechanisms and onto Human Diseases and Drug targeting

講演者

Dr. Aaron Ciechanover

（Vascular and Tumor Biology Research Center, The Rappaport Faculty of Medicine and Research Institute Techmion-Israel Institute of Technology）

Aaron Ciechanover（アーロン・チカノバー）：1992年～テクニオン－イスラエル工科大学医学部教授．2000年～ラパポート医学研究所教授（兼任）．細胞内のユビキチン依存性タンパク質分解機構の研究に取り組み，ユビキチンがE1（活性化酵素）/E2（結合酵素）/E3（リガーゼ）の3種の酵素群のカスケード反応の結果としてエネルギー依存的にタンパク質に複数個結合し，その結果として形成されるポリユビキチン鎖がマークとなってユビキチン化されたタンパク質が分解へと至ることを示した．また，エネルギーは分解するタンパク質の選択的なマーキングに使われていることを示した．現在ではユビキチン依存性タンパク質分解系は細胞周期・細胞内シグナル伝達，DNA修復，など多くの機能の制御系として働くのみならず，その異常が，癌や神経変性疾患などの疾患の原因となることも示されている．この業績が評価され2004年度にノーベル化学賞を受賞した．

この音声は，2005年2月7日に東京都臨床医学総合研究所において開催された臨床研セミナーでのAaron Ciechanover博士の講演を録音したものです．
本書では，講演の一部を抜粋して使用しています．

リスニングのポイント

本稿に掲載されているトランスクリプトは，録音をもとに作成された後，チカノバー博士による編集・加筆がなされているため，スピーチ対トランスクリプト

はword-to-wordの完全な対応関係を保っていません．本文では，スピーチと大きく異なる箇所をゴシック体（ABC）で示しています．それぞれの該当箇所は，意味的にはほぼ完全な対応関係を保っているため，もし博士のスピーチが聴き取りにくい時は，本文を読み，内容を把握した後に，再度聞いてみるとよいでしょう．何度も聴き直すことにより，そして該当単語や文章に関して思考し，試行錯誤することにより，聴き取りにくかった単語が聞き取れるようになるはずです（この種の努力は，英語の音に慣れていない私たち日本人にはとても大切なことです）．

なお，音声を聞いてみるとわかるように，博士はEnglish-nativeではありません．Non-nativeの人は，通常，母国語固有ともいえる特徴的なアクセントやイントネーションがあります（ここではこの2つをまとめてアクセントと仮に呼ぶこととします）．正確に言えば，native speakerにもこれは当てはまります．イギリス，アメリカ，オーストラリアでは，それぞれ全く異なるアクセントをもつ英語が話されています〔カナダは基本的にはアメリカと同じとみなされるため，両者を北アメリカ英語（North American English）とひとくくりにすることもあります〕．したがって，微妙に異なるアクセントの英語を話すnative同士のコミュニケーションも，Non-nativeの人との場合と基本的には同じ問題を含んでいます．

アメリカ等の学会に出席すると，実にさまざまな国の人達が，さまざまな英語でプレゼンテーションやコミュニケーションを行っていることがわかります．このような場で，研究者が注意を払っている点は，自分が話したことを相手に理解してもらえたかどうかということです．この視点は，さまざまな人達が集う場合は，最も重要なことだと考えられます．

上記のことを念頭において，博士のレクチャーを聞いてみると，参考になることが多いはずです．レクチャーでは文法的な間違い（時制の一致など）が時々見受けられますが，内容は十分に伝わるものです．博士の英語は，少し耳が慣れれば，パワフルでさえあります．情熱の伝わるプレゼンテーションは，並みのNon-nativeのサイエンティストにはもちろん，そしてEnglish-nativeの人たちにも，なかなかできないことです．また2004年ノーベル化学賞受賞のテーマであるユビキチンによるタンパク質分解システムの研究のストーリーが味わえる興味深い講演です．

サマリー

この講演ではユビキチン誕生以前から，そしてその後の応用までの研究までを歴史的な流れに沿って紹介しています．細胞内に存在するタンパク質の分解・消化に関しては，過去においては，それほど大きな関心を集めてきませんでした．タンパク質の分解には，２つの異なったシステムが関与しています．１つは細胞外部からエンドサイトーシスやファゴサイトーシスで取り込まれた（細胞外）タンパク質がリソゾームで分解消化されるシステム．もう１つは，細胞内で合成されるタンパク質の場合に，分解消化されるべきターゲットタンパク質が，まずユビキチンと共有結合し，プロテアソームに取り込まれ，分解消化されるシステムです．もしユビキチンシステムが存在しないとどうなるのでしょうか？　細胞内は，合成されたタンパク質で充満することになり，細胞内の遺伝子発現制御機構は機能しなくなるはずです．では，ある種のタンパク質のみが異常なレベルまで蓄積（あるいは減少）する場合はどうなるのでしょうか？　当然，軽重の差はあれ病気になります．では，異常な高レベルのタンパク質を特異的に減少（場合によっては，蓄積）させるような薬剤を見つけ，治療に使用できないだろうか？と，博士は薬剤開発過程まで視野を広げています．

また，後半の質疑応答では２つの問題提起がなされています．１つは基礎研究費と科学ジャーナルについての問題，もう１つは研究者の評価が発表論文がどのジャーナルに発表されたか，ということによって評価される傾向があるということに関してです．この種のディスカッションはバイオメディカル分野やバイオテクノロジー分野で潜在的に重要な問題を内包しています．博士の信条が回答によく表れているといえるでしょう．

参考文献

1) ATP-dependent Conjugation of Reticulocyte Proteins with the Polypeptide Required for Protein Degradation. Ciechanover, A. et al.：Proc. Natl. Acad. Sci. USA, 77 ：1365-1368 , 1980

2) Proposed Role of ATP in Protein Breakdown: Conjugation of Proteins with Multiple Chains of the Polypeptide of ATP-dependent Proteolysis. Hershko, A. et al.： Proc. Natl. Acad. Sci. USA, 77,：1783-1786, 1980

3) Ubiquitin Dependence of Selective Protein Degradation Demonstrated in the Mammalian Cell Cycle Mutant ts85. Ciechanover, A. et al.：Cell , 37 ：57-66, 1984

4) The Ubiquitin Proteasome Pathway: Destruction for the Sake of Construction. Glickman, M. & Ciechanover, A. ： Physiol. Rev., 82 ：373-428, 2002

Live-3 Ciechanover博士の講演のトランスクリプトについて

トランスクリプトは音声を元にCiechanover博士による編集（加筆・変更）がなされているため，音声とは異なる部分があります．音声と大きく異なる部分は**ゴシック体**（ABC）で記されています．

まず，音声を聞いてみて，聞き取れない部分があった場合，トランスクリプトを読んで参考にするとよいでしょう．

※Live-3のトランスクリプトは音声の内容を編集（加筆・修正）したものです．音声と大きく異なる部分はゴシック体（ABC）で記されています．

Nobel Prize 2004

The Ubiquitin Proteolytic System

4-08

達成度
□★
□★★
□★★★

Good afternoon. Thank you Keiji for inviting me. As Keiji mentioned, I've known him for more than 20 years now. We overlapped when we were post-doctoral fellows in Boston. Keiji was at Harvard Medical School, whereas I was at MIT at the time. I see that gradually Keiji converts this institute in to the Japanese Institute for Proteolysis and Ubiquitin Research, which is very good, as I have always believed that there must be a critical mass of researchers in one place in order to make a significant progress. So this is excellent that this institute become kind of a conglomerate of experts-autophagy, proteolysis, ubiquitin like-proteins, transcription, etc.

Let's start our talk about proteolytic systems in general, because this will take us to the very beginning, how we started it all. If you are thinking the body of proteolytic system, there are 3 layers of proteolytic systems（Slide 1）.

The first proteolytic system is the simplest one and that is the digestive tract. This system is extracorporeal and extracellular. It's actually not in the body as it is opened in both ends, it just crosses the body like a tube. Every protein that we take into the alimentary tract is digested into amino acids. The purpose of this proteolytic system in the digestive tract is two fold. One is to make energy out of proteins because we are using proteins as an energy source, and two is to remove

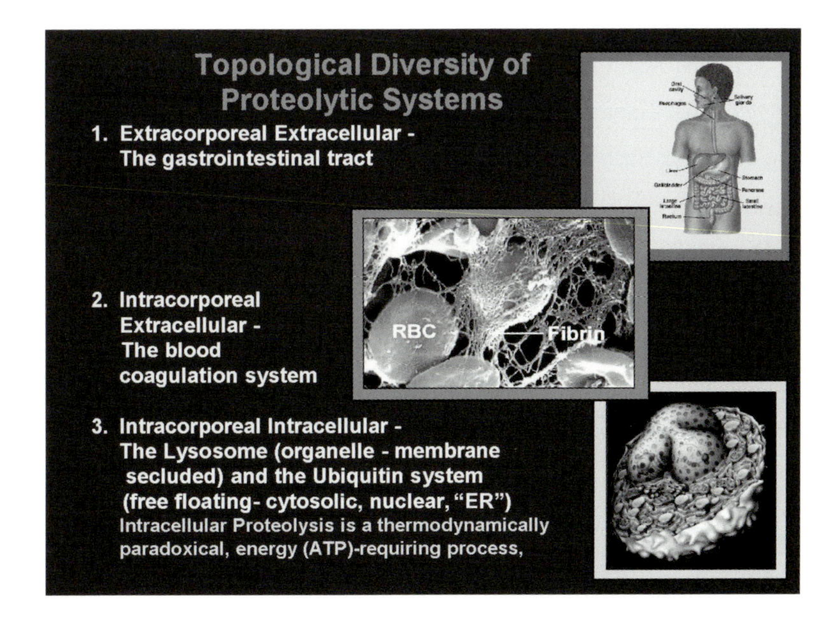

Slide 1 Topological diversity of proteolytic systems

Person

Keiji
セミナーの司会者（オーガナイザー）である田中啓二博士のこと．ユビキチンプロテアソームの研究者．

memo

MIT
Massachusetts Institute of Technology（マサチューセッツ工科大学）．マサチューセッツ州ケンブリッジ（ボストン近郊）にある．

autophagy
自己貪食（細胞自身の小器官やタンパク質を消化すること）

extracorporeal
体外

alimentary tract
消化管

digestive tract
消化管

two fold
２つ．二重．１つのことがらが二重の意味をもつ場合に使用する典型的な言い方．

memo

intact foreign antigens
これは目的語．動詞はincorporate．長い目的語の場合，このような使い方をする．博士はこの手法を多用している．

lining of the gastrointestinal tract
胃腸管壁を内張りしている上皮細胞（eining cells）

mucus
粘液

bona fide
本物の（ラテン語由来）

blood clotting system
血液凝固システム．酵素前駆体（不活性）proenzyme（またはzymogen）がプロテアーゼにより切断されると活性型の酵素（この場合はプロテアーゼ）に変換される．これがカスケード的に繰り返され，最終的にトロンビンとフィブリノーゲンの反応となり，フィブリンの凝固現象を引き起こすことを言っている．

afford in the blood circulation proteolysis that
afford（提供する余裕がある）の目的語はproteolysis that ---．in the blood circulationは「血液循環系で」．の意味

Myocardial Infarction
心筋梗塞

coronary arteries
心臓動脈

Person

Rudolf Schoenheimer
ドイツ生まれのアメリカの科学者（1898-1941）．放射性同位体で代謝物質をラベルし，放射能を追跡することによって代謝経路を研究するという実験の創始者．

In the 30s
スピーチでは（19）42となっていますが，30s（1930年代）と訂正されています．

antigens because we incorporate into our body intact foreign antigens that will challenge the immune system. So we have to dismantle them, to disintegrate these proteins into single amino acids, to uptake the amino acids into our body and to rebuild our own proteins. So this is an extracorporeal and extracellular system that has no control. Every protein that goes into it is digested in a non-discriminatory manner. So it's a very simple system. The only problem we face is that we have to protect the lining of the gastrointestinal tract against the digestive activity of proteolytic enzymes. There is a specific mucus secreted by the lining epithelium that carries out this function. Now we are moving one layer higher and inside, we cross the epithelium and pass into the circulation. We're still outside the cell, so it is intracorporeal, inside body but still extracellular. Here we meet several very well controlled proteolytic systems. One of the most important systems is the blood clotting system. If you think of the blood clotting system, it is a bona fide proteolytic system. The blood clotting system is activated by wound-secreted substances, for example. Then one protease is activated and it cleaves the next inactive factor in a limited manner, turns it on, converts it into an active protease. This newly activated protease now goes and cleaves the next in order, and the next in order activates its downstream one, and so on and so forth. At the end, prothrombin is converted to thrombin and thrombin converts fibrinogen to fibrin that generates the core of the clot. Fibrin makes the mesh that engulfs the red blood cells and generates the blood clot. So this must be a very sophisticated system. Why? it is more sophisticated than proteolysis in the gastrointestinal tract?? Because we cannot afford in the blood circulation proteolysis that will be uncontrolled, as there will be clotting in the blood. Such untoward clotting occurs in Myocardial Infarction when blood clots in the coronary arteries. So, in the blood, there must be already a regulated system. Then we move next into the cell and meet the most sophisticated system. And in the cell it is clear we cannot have any proteolytic system that will work without control. Now what's going on in the cell. For many years, people didn't know how proteins are degraded in the cell. Actually, they doubted even the fact that proteins are degraded in the cell at all.

The history of the field starts in many ways with Rudolf Schoenheimer, that was in the eyes of many the founding father of "modern" proteolysis in the body. In the 30s, the predominating view in the field was that proteins in the body do not degrade and are rather static. --- So the question was why we are eating proteins if everything they are static. The idea was that we eat proteins in order to burn them and make energy out of them. But the proteins that we eat do not "talk" at all to the proteins that compose the body. These are two independent pools. The one person that really challenged this view was Rudolf Schoenheimer from Columbia University in N.Y. And what Scheonheimer did, he used amino acids labeled with heavy nitrogen, ^{15}N, and saw that once he feeds these acids (tyrosine was used first) to animals they are incorporated into proteins, into the structural proteins of the body and then they are leaving these structural proteins. That means that the structural proteins of the body are in a dynamic state of synthesis and degradation, which was complete change of the paradigm at the time that the proteins of the body are static. These experiments were summarized by his colleagues in 1942, after his death, in a small book called "The dynamic state of body constituents". The essence of the book is summarized in one critical sentence: "*The simile of the combustion engine pictured the steady state flow of fuel into a fixed system, and the conversion of this fuel into waste products. The new results imply that not only the fuel, but the structural materials are in a steady state of flux. The classical picture must thus be replaced by one which takes account of the dynamic state of body structure*" (**Slide 2**).

But this idea was not accepted easily. We are now in the mid 50s, and two influential scientists published a paper in Biochimica and Biophysica Acta (BBA).

memo

paradigm
物の見方（概念）

in the mid 50s
スピーチでは---moving from '42 to '55となっています.

Schoenheimer, R. (1942).
The Dynamic State of Body Constituents.
Harvard University Press, Cambridge, USA.

"*The simile of the combustion engine pictured the steady flow of fuel into a fixed system, and the conversion of this fuel into waste products. The new results imply that not only the fuel, but the structural materials are in a steady state of flux. The classical picture must thus be replaced by one which takes account of the dynamic state of body structure*".

Slide 2 Dynamic state of body constituents

The Dynamic State of Body Constituents
身体構成成分の動的状態．内燃機関は，固定システムに定常的に燃料が流れ込み，燃料は不用の廃棄物に変換される系であると直喩（simile）できる．新しく得た結果は，単に燃料だけでなく，（固定システムと考えられていた）構造物が動的定常状態であるといえる．したがって，古典的な見方は，体の構造が動的状態であることを考慮した見方によって置き換えられなければならない．

Person

David Hogness

ディビッド・ホグネス．J. Monod研究室出身．アメリカの分子生物学者．ゲノムDNAからゲノムクローンライブラリーをつくり，ゲノムを知ることができるというアイデアを提示（1972）．ショウバエのゲノムを用いてDNA解析を行い，TATA Box（Goldberg-Hogness Box）を発見．

Person

Jacques Monod

ジャック・モノー．フランスの分子生物学者（1910-1976）．ノーベル賞受賞（1965）．バクテリア・ファージ系の古典分子生物学創設者（founding fathers）の一人．共同研究者Francois Jacob（フランシス・ジャコブ）と一緒に，現在知られている遺伝子発現制御機構モデル（Operon theory）を提出した．アロステリック制御（allosteric regulation）の研究でも知られている．天才的理論家．著書「偶然と必然」．

--- David Hogness the father of modern fly genetics and Jacques Monod the Nobel Prize laureate on the regulation of gene activity in bacteria studied the stability of β-galactosidase in bacteria（**Slide 3**）and concluded that the protein was stable. They wrote: *"Moreover our experiments have shown that the proteins of growing E. coli are static"*. They even went further to conclude that the same is true in mammalian cells ("To sum up, there seems to be at present no conclusive evidence that the protein molecules within the cells of mammalian tissues are in a dynamic state"（**Slide 4**）. So even in 1955, they did not accept Schoenheimer's view.

VOL. **16** (1955) BIOCHIMICA ET BIOPHYSICA ACTA 99

STUDIES ON THE INDUCED SYNTHESIS OF β-GALACTOSIDASE IN *ESCHERICHIA COLI*: THE KINETICS AND MECHANISM OF SULFUR INCORPORATION*

by

DAVID S. HOGNESS**, MELVIN COHN*** AND JACQUES MONOD

Service de Physiologie microbienne, Institut Pasteur, Paris (France)

Slide 3 Study on the stability of β-galactosidase

To sum up: there seems to be at present no conclusive evidence that the protein molecules within the cells of mammalian tissues are in a dynamic state. Moreover our experiments have shown that the proteins of growing *E. coli* are static. Therefore, it seems necessary to conclude that the synthesis and maintenance of proteins within growing cells is not necessarily or inherently associated with a "dynamic state".

Slide 4 Cellular proteins are static

However, at that time, people started to challenge the view that proteins are static. One of the first papers that came out was of Melvin Simpson, and he published a Journal of Biochemistry（JBC）paper in 1953（**Slide 5**）, in which he showed that labeled amino acids are incorporated to liver slices and then released. --- So this corroborated the view of Schoenheimer that proteins are in a dynamic state.

But he added another layer to it. He did some very strange experiments in which he incubated the slices in nitrogen atmosphere, and observed a marked inhibition of release of amino acids which meant that the proteolytic process requires energy (**Slide 6**). He then showed this energy requirement directly by using respiration poisons.

This finding posed a real "problem" because it's showed that proteolysis, rather than being energy producing (exergonic process), requires energy (endergonic process) which was thermodynamically paradoxical. The paradox is that if one takes a high energy

memo
exergonic, endergonic
ergonicはギリシャ語由来で，仕事の意味（cf. ergon エルゴン），ex-はエネルギーを放出（性），end-はエネルギー吸収（性）を表す．

THE RELEASE OF LABELED AMINO ACIDS FROM THE PROTEINS OF RAT LIVER SLICES*

By MELVIN V. SIMPSON†

(From the Department of Physiology, Tufts College Medical School, Boston, Massachusetts)

(Received for publication, August 19, 1952)

It has long been known that the animal is able to establish and maintain nitrogen balance at widely differing levels of nitrogen intake (2). The possibility therefore suggested itself that a mechanism exists which closely interrelates the processes of protein synthesis and protein breakdown.

In recent years, a number of laboratories have been engaged in studying the incorporation of labeled amino acids into protein by use of various *in vitro* systems (3, 4). It seemed possible that further insight into the nature of the synthesis-breakdown steady state might be obtained by studying the *release* of amino acids from protein in similar systems. The subject of the present communication deals with such an investigation in rat liver slices.

Slide 5 Cellular proteins are in a dynamic state

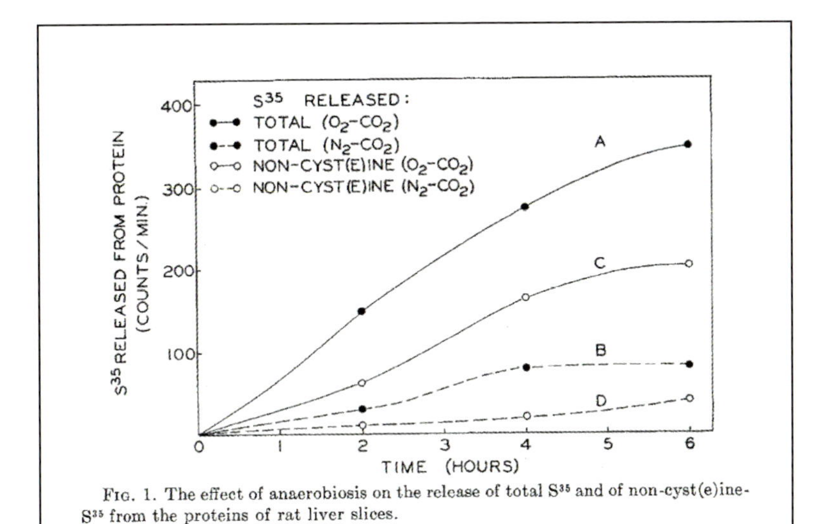

Fig. 1. The effect of anaerobiosis on the release of total S^{35} and of non-cyst(e)ine-S^{35} from the proteins of rat liver slices.

Slide 6 Energy requirement for degradation of cellular proteins compound like a sugar or lipid or protein and degrades it to a low energy ingredients like amino acids, energy is generated and not consumed. This was the first report that protein degradation in the cell requires metabolic energy. Now we understand why it occurs, energy is required whenever a process needs to be under a tight control. At that time it was not understood. Melvin Simpson clearly was the first to demonstrate that protein degradation requires energy.

At about the same time - mid 1950s, Christian de Duve discovered and described the lysosome（**Slide 7**), which brought to an yet another several years latent period in the field. The lysosome provided a solution of the question of where protein degradation occurs in the cell and it made a lot of sense as it provided a solution for controlling of the process where the proteases are separated from their substrates by a membrane. You can imagine that the protease, any protease, is a kind

Person
Christian de Duve
ベルギー生まれの生化学者．リソゾーム，ペルオキシソームを発見．ノーベル賞受賞（1974）．

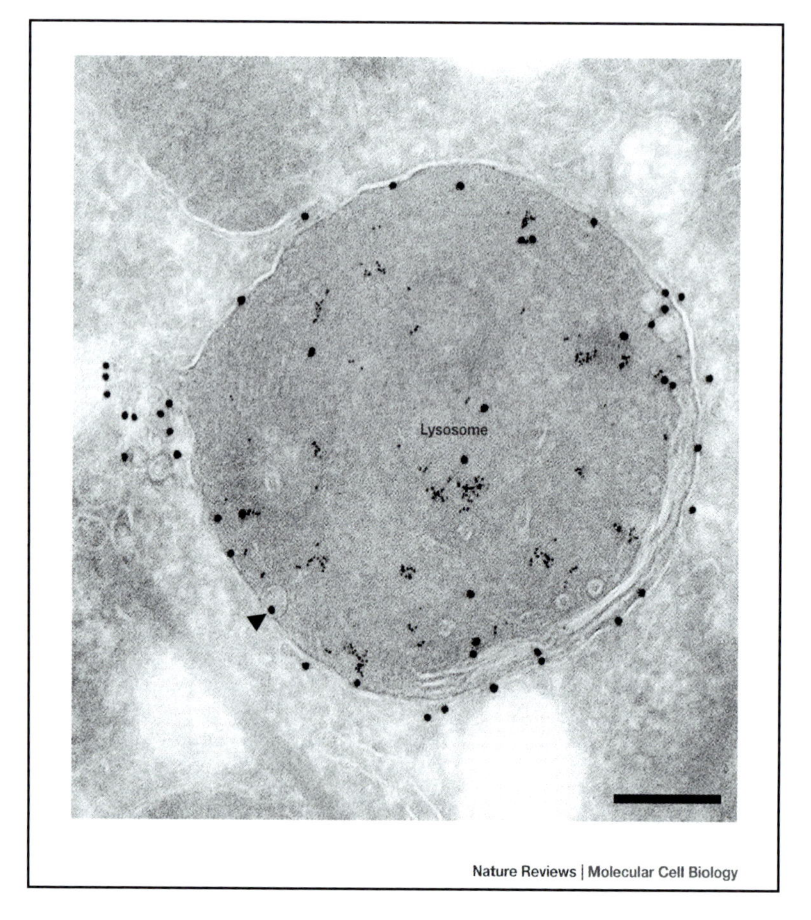

Slide 7 Lysosome and pinched-off microautophagic vesicle（arrow）

of a shark and the substrate is the bait. If the shark and the bait will be in the same compartment - in the cytosol - then there will be no cytosol, as the shark will digest it. So I think the idea of lysosome is a wonderful idea because it has a membrane, the enzymes are inside and the substrates are outside and the only problem is how the substrate gets to meet the enzymes. If you think of microautophagy, this is exactly the explanation. And you can see here, in the figure, a small microautophagic vesicle that pinches off from the lysosome（**Slide 7**）, and then, via a series of complicated processes the pinched-off vesicle fuses with the lysosomal lumen and its contents are degraded by the lysosomal enzymes. So microautophagy of cytosolic contents provided the explanation how soluble cellular proteins are degraded by the lysosome. But then people started to challenge the lysosome as the organelle in which intracellular protein degradation occurs. So until now we moved from an era in which people thought that proteins in the body are static and are not degraded or exchanged, to a time in which they thought there is degradation but they didn't know the mechanism. Now came the lysosome that provided, at least, transiently the mechanistic solution. Christian de Duve who received the Nobel Porize for the discovery of the lysosome summarized in a review article（**Slide 8**）his view that while it is widely accepted that the lysosome is involved in degradation of intracellular protein, he believed it also degrades intracellular proteins（**Slide 9**）.

FUNCTIONS OF LYSOSOMES[1]

BY CHRISTIAN DE DUVE AND ROBERT WATTIAUX

The Rockefeller University, New York, University of Louvain, Belgium, and Facultés Universitaires Notre-Dame de la Paix, Namur, Belgium

INTRODUCTION

Lysosomes stand out in a unique fashion against all other subcellular constituents by their polymorphism and by the variety of processes, both physiological and pathological, in which they are implicated. Underlying this re-

[1] The survey of literature for this review was concluded in September 1965.

Slide 8 Review title by Christian de Duve

Intracellular digestion, absorption, and residue accumulation.—A digestive role of lysosomes was first inferred deductively from the nature of their associated enzymes, which include a number of proteases, nucleases, esterases, polysaccharidases, and glycosidases (1, 4). It was further deduced from the properties of the lysosomal hydrolases, which all show an acid pH optimum, that intracellular digestion must proceed at a relatively low pH, in agreement with the original observations of Metchnikoff (177, 178). Many of the lysosomal hydrolases exhibit a relatively narrow specificity but, contrary to the view expressed by Planta et al. (179) with regard to cathepsin C, this should not, in our opinion, disqualify them as digestive agents. Just as extra-

cellular digestion is successfully carried out by the concerted action of enzymes with limited individual capacities, so, we believe, is intracellular digestion. The little work that has been done so far with purified lysosomal extracts supports this contention (180, 181). It is also known that the enzymes extracted from particulate fractions from liver can digest proteins right down to the level of amino acids (182).

Slide 9 Inferred lysosomal digestion of intracellular proteins

To cite his words : "Just as extracellular digestion is successfully carried out by the concerted action of enzymes with limited individual capacities, so, we believe, is intracellular digestion". De Duve did not bring evidence to his belief, but it was all logical to assume he is correct. So it was clear that the cell can pinocytose or endocytose (via receptors for example) proteins from the outside and then via generation of endocytic vesicles or endosomes that fuse with the lysosome bring the extracellular contents to degradation in the lysosome. So for a long time the belief was the lysosome is the organelle in which intracellular protein degradation occurs. But then again scientists started to cast doubt whether this is indeed true. And I will show you two lines of evidence that in that direction (**Slides 10-14**). One was the measurement of half-life times (**Slide 10**) of individual proteins. Now it is easy to do. We can follow a protein in a pulse-chase labeling and immunoprecipitation experiment or following inhibition of protein synthesis with cycloheximide for example and measure the disappearance of your protein along time with a specific antibody. When we use these days tagged proteins, it is even more simple. At these days things were not that simple, as all these research tools were not available. Yet, people monitored protein stability via different methods and data started to accumulate.

memo

so, we believe, is intracellular digestion
---, so is intracellular digestion の構文．主語は intracellular digestion．so は同様にという意味．

bring
主語は the sell can の the cell

cycloheximide
タンパク質合成阻害剤

tagged proteins
スピーチでは Myc-tag（あるいは 6Myc-tag）を使用するベクターに関して言及している．

pulse-chase labeling
パルス・チェイス実験．現代分子生物学は放射性同位体の使用を極力避ける方向で動いているため，あまり知られていないが，タンパク質の代謝解析の必須テクニックであった．例えば，^{35}S-メチオニンを短時間（pulse）ラベルし，このラベルされているメチオニンをラベルされていないメチオニンを加え，希釈することにより，特定時間にラベルされたタンパク質を継時的に追って（chase）いくことができる．特定のタンパク質を追う場合は，その抗体を用いて免液沈降により，該当タンパク質を回収し，SDS-PAGE などで解析する．

Robert Schimke summarized these data (**Slide 10**) and it is clear that proteins vary in their stability in 2 orders of magnitude, form a few minutes to many hours. So as you can see here, one protein, ornithine decarboxylase (ODC), has a half lifetime of 12 minutes and another protein, glucose-6-phosphate dehydrogenase (G6PD), 15 hours (**Slide 10**). And this was very difficult to reconcile with the mechanism of the actions of the lysosome because if you think of microautophagy, the small droplet that is engulfed into the lysosome contains all the cellular proteins, every one of them, short-lived and long-lived alike and the expectation is that they all be degraded at the same time.

Person
Robert Schimke
スタンフォード大学の研究者，薬剤耐性研究を行っている．

memo
2 orders
2 桁（10^2）の意味

Annual Reviews
www.annualreviews.org/aronline

INTRACELLULAR PROTEIN DEGRADATION 751

Table 1 Proteins degraded most rapidly in rat liver

Enzyme	Half-life (hr)[a]
1. Ornithine decarboxylase	0.2
2. δ-Aminolevulinate synthetase	
(soluble)	0.33
(mitochondrial)	1.1
3. RNA polymerase I	1.3
4. Tyrosine aminotransferase	2.0
5. Tryptophan oxygenase	2.5
6. Deoxythymidine kinase	2.6
7. β-Hydroxy-β-methylglutaryl coenzyme-A reductase	3.0
8. Serine dehydratase	4.0
9. Amylase	4.3
10. PEP carboxykinase	5.0
11. Aniline hydroxylase	5.0
12. Glucokinase	12
13. RNA polymerase II	12
14. Dihydrooratase	12
15. Glucose-6-phosphate dehydrogenase	15
16. 3-Phosphoglycerate dehydrogenase	15

[a] For original references for these values, see (5, 14, 15). [These data for half-lives were obtained by a variety of techniques by different experimenters. Therefore, the precise values may not be always comparable and may be subject to different types of methodological problems (1).]

Slide 10 Different half lives of various proteins

So, it was very difficult to explain by microautophagy how one protein could live only 12 minutes and another 15 hours. So people had to explain it and they came with all kinds of strange explanation. One explanation was provided by Harold Segal who claimed that proteins go from the cytosol into the lysosome ; the short-lived are degraded but the long-lived are exiting the lysosome. So he proposed a model/mechanism according to which proteins can escape from lysosome. He summarized the model as following : "To account for differences in half-life among cell components or of a single component in various physiological states it was necessary to include in the model the possibility of an exit of native components back to the extralysosomal compartment" (**Slide 11**). Obviously there was no strong experimental evidence to support this model.

ARCHIVES OF BIOCHEMISTRY AND BIOPHYSICS 148, 228-237 (1972)

Some Characteristics of the Alanine Aminotransferase- and Arginase-Inactivating System of Lysosomes[1]

MASOOD HAIDER[2] AND HAROLD L. SEGAL

Biology Department, State University of New York, Buffalo, New York 14214
Received July 29, 1971; accepted September 21, 1971

Partially purified arginase and crystalline alanine aminotransferase are inactivated in a first-order reaction upon incubation with disrupted lysosomes at pH 5.0. Activity was not obtained with intact lysosomes in this system and was markedly reduced in the absence of a sulfhydryl compound. The inactivation of both enzymes was inhibited by the presence of competitive proteins, particularly in the case of arginase. Mn^{2+} strongly inhibited arginase inactivation but had no effect on that of alanine aminotransferase. Inactivation was also inhibited by heat-stable components of liver extract and by casein hydrolyzate at a concentration of amino acids approximating that in lysosomes *in vivo*. These results are integrated into a previously proposed model (Segal *et al.*, *Biochem. Biophys. Res. Commun.* 36, 764 (1969)) in which the specificity and rate-limiting steps of turnover are postulated to reside with the degradative enzymes within the lysosome. Relative inactivation rates of arginase and alanine aminotransferase in this system and *in vivo* are consistent with the model. Combining the present and other data we calculate that lysosomes strain cell constituents from about eight times their own volume per hour.

To account for differences in half-life among cell components or of a single component in various physiological states, it was necessary to include in the model the possibility of an exit of native components back to the extralysosomal compartment. In this scheme,

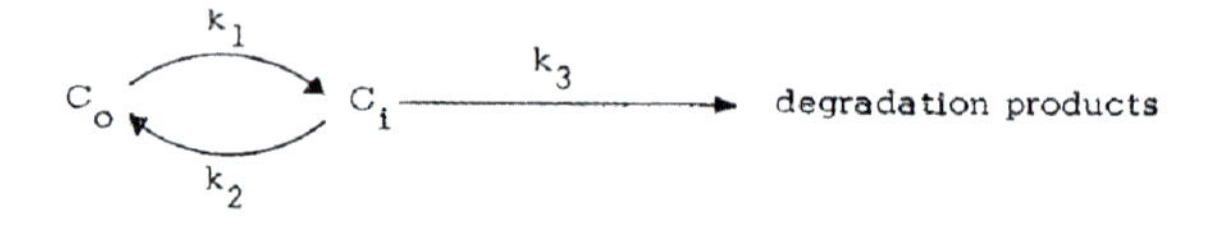

Slide 11 Model for lysosomal degradation of proteins with different stabilities

Person
Brian Poole
リソゾームの発見者であるChristian de Duveの弟子．チカノーバ博士がここで，リソゾーム系以外にタンパク質分解系が存在していることを示した最初の人はBrian Pooleであると証言していることに注目したい．英語では，このような場合，full creditを与えるというような言い方をします．creditは貢献度（評価）というような意味です．したがって，ユビキチン系の発現への研究はここからスタートしたと言っても過言でないと思われます．

Then came Brian Poole (**Slide 12**). Brian Poole was a talented researcher working with Christian de Duve in the Rockefeller University in New York. Brian made it clear that there must be a non-lysosomal system that degrades intracellular proteins. Brian Poole studied lysosomal inhibitors and their mode of action in malaria. Such inhibitors can be chloroquine or even a simple salt like ammonium chloride. They are all weak bases. If added to cells, these weak bases are penetrating through the cell membrane, then the lysosomal membrane and because they are bases they get protonated in the acidic lysosomal environment. Consequently, they neutralize the low intralysosomal pH that is necessary for optimal activity of the lysosomal protease. So the low intralysosomal pH now goes up from 4.5 to approximately 6.5. ---- So these are very potent inhibitors of lysosomal activity. To stop macro- or microautophagy one can use these agents. Brian did a very intelligent experiment (**Slide 13**). He metabolically labeled macrophages with tritiated (^{3}H) leucine and did a simple pulse-chase experiment in the presence and absence of the lysosomal inhibitor chloroquine. He saw that in the absence of the inhibitor, 4% of the total labeled cellular proteins were degraded in the time course along which he measured release of radioactivity to the medium. When he added chloroquine, 3.3% were degraded, a mere 17% inhibition. This was not an impressive number. Then he did another experiment and here he found that 2.4% of the cellular proteins were degraded in the absence and 2.3% in the presence of chloroquine, mere 4% inhibition. So he was very disappointed because he thought chloroquine will inhibit significantly degradation of the labeled proteins. Then he did another experiment that was a key experiment. He took an additional dish of macrophages and labeled them now with ^{14}C-leucine. It is a different isotope and

Protein Turnover and Lysosome Function

SOME ASPECTS OF THE INTRACELLULAR
BREAKDOWN OF EXOGENOUS AND
ENDOGENOUS PROTEINS

Brian Poole, Shoji Ohkuma
Michael Warburton

The Rockefeller University
New York

Slide 12 Non-lysosomal digestion of endogenous proteins (Title of paper)

Person
Keiji
既出，田中啓二博士

memo
spectrometer
正式名は liquid scintillation counter（液体シンチレーションカウンター）

at that time we used radioactive monitors that could read simultaneously two isotopes, as they emitted energy at different levels. Keiji may remember it because we are old enough. Tritium has a very low energy and ^{14}C a higher energy. So by manipulating the windows of energy in the spectrometer, we could read emission from two isotopes simultaneously. I am afraid that today, having one single isotope -^{35}S - for metabolic labeling, this ingenius experiment could not have been done. So Brian took another dish with macrophages, labeled them with ^{14}C-leucine, and took these cells and broke them down. Then he overlaid the cell debris over the tritiated leucine-labeled cells. These tritium labeled cells now started to endocytose the destroyed overlaid ^{14}C-lableled cells and carry their proteins to the lysosome to be degraded. At the same time they degraded also their own proteins. So this was an ingenious experiment. Now Brian added chloroquine and observed 68% inhibition in the degradation of the exogenous ^{14}C-labeled proteins, 37% without chloroquine and 12% in its presence（**Slide 13**）.

So this was an ingenious experiment
この実験により，細胞外由来のタンパク質（^{14}C）と細胞内で合成されたタンパク質（^{3}H）の2つのグループのタンパク質を追跡し，それぞれの消化分解のキネティックスを知ることができた．

TABLE II. Digestion of Endogenous and Exogenous Macrophage Proteins

	Amount Digested in Two Hours (%)		
	Control cells	Cells fed dead macrophages	
Medium	Endogenous	Endogenous	Exogenous
Control	4.0	2.4	37
Chloroquine 100 μM	3.3 (-17%)	2.3 (-4%)	12 (-68%)

Slide 13 Degradation of endogenous and exogenous proteins

So he summarized his experiment as following: "Some of the macrophages labeled with tritium were permitted to endocytize the dead macrophages labeled with ^{14}C. The cells were then washed and replaced in fresh medium. In this way we were able to measure in the same cells the digestion of macrophage proteins from two sources. The exogenous proteins will be broken down in the lysosomes while the endogenous proteins will be broken down wherever it is that endogenous proteins are broken down during protein turnover"（**Slide 14**）. So by using lysosomal inhibitors Poole was able to discriminate between the degradation of

exogenous proteins
細胞の外側にあるタンパク質．エンドサイトーシス等で細胞内に取り込まれ，リソゾームにより分解消化される．

endogenous proteins
細胞内で合成されるタンパク質

exogenous proteins in the lysosome, the degradation of which is inhibited by the inhibitors, and the degradation of intracellular proteins that is not inhibited, and therefore must be carried by a non-lysosomal system he could not define. He obviously did not know of the ubiquitin system, but he knew that there must be a non-lysosomal proteolytic system ; he was modest enough to call it : "wherever it is....". So he just left it in the field at that point. Such an elusive non-lysosomal system should, once identified, settle the dispute about half-life times and inhibitors and so on and so forth.

Some of the macrophages labeled with tritium were permitted to endocytize the dead macrophages labeled with ^{14}C. The cells were then washed and replaced in fresh medium. In this way we were able to measure in the same cells the digestion of macrophage proteins from two sources. The exogenous proteins will be broken down in the lysosomes, while the endogenous proteins will be broken down wherever it is that endogenous protein are broken down during protein turnover.

Slide 14 Implication of the presence of non-lysosomal system for endogenous protein degradation

So this was already the mid 1970s and in Haifa we started our search in 1976. I was a graduate student with Avram Hershko. Avram Hershko just returned from a post-doctoral fellowship with Gordon Tomkins in UCSF where he worked on tyrosine aminotransferase, TAT, a glucocorticoids-inducible gluconeogenetic enzyme and found it is degraded in cells in an ATP-requiring mechanism, thus corroborating, now for the degradation of a single enzyme, the 15 years old discovery of Simpson. But degradation in the lysosome also requires energy, yet indirectly. That, in order to pump hydrogen ions to maintain the low intralysosomal pH. Thus, energy requirement for itself does not tell you which system is involved in the process. So Avram started his search in Haifa, following his return, he knew he was looking into a non-lysosomal ATP-requiring system and the problem was where and how to find it. So until now I told on the current state of knowledge in the filed at that time, and the stones of information that were scattered in the filed, awaiting to be collected to construct a new building. All we had to do was to collect them into one cohesive system. Now the question is what do, where do we go to find it.

Person
Avram Hershko
チカノバー博士が大学院生の時の先生であり，後に，共同研究者となる．ノーベル賞共同受賞者の1人．イスラエル，ハイファのTechnion-Israel Institute of Technologyの研究者．もう1人の受賞者はIrwin Rose博士（後述）．

memo
UCSF
University of California San Francisco（サンフランシスコにあるカリフォルニア州立大学）

Vol. 81, No. 4, 1978 BIOCHEMICAL AND BIOPHYSICAL RESEARCH COMMUNICATIONS
April 28, 1978 Pages 1100-1105

A HEAT-STABLE POLYPEPTIDE COMPONENT OF AN ATP-DEPENDENT PROTEOLYTIC SYSTEM FROM RETICULOCYTES

Aharon Ciehanover, Yaacov Hod and Avram Hershko[1]

Technion-Israel Institute of Technology, School of Medicine, Haifa, Israel

Received March 8,1978

SUMMARY: The degradation of denatured globin in reticulocyte lysates is markedly stimulated by ATP. This system has now been resolved into two components, designated fractions I and II, in the order of their elution from DEAE-cellulose. Fraction II has a neutral protease activity but is stimulated only slightly by ATP, whereas fraction I has no proteolytic activity but restores ATP-dependent proteolysis when combined with fraction II. The active principle of fraction I is remarkably heat-stable, but it is non-dialysable, precipitable with ammonium sulfate and it is destroyed by treatment with proteolytic enzymes. In gel filtration on Sephadex-G-75, it behaves as a single component with a molecular weight of approximately 9,000.

Ciechanover et al., 1978

Slide 15 Non-lysosomal and ATP-dependent protein degradation in reticulocytes（a cell that does not contain lysosomes）

4-10

達成度

□★

□★★

□★★★

So at that time there was no genetics. This was much before the era of molecular biology. So the idea was to do sophisticated genetic experiments without even laying one's hand on a piece of DNA. So what we did was to choose a cell that does not have a lysosome. If you want to degrade a protein and you make to be sure that it is mediated via a non-lysosomal process, there are 2 ways to do it. Either you do the experiment these days, you can take yeast or mammalian cell and inactivate any lysosomal protease gene at your will by a variety of techniques. But this is a mid 1990s type of experiment. However, if you are in the late 1970s and you need to do a genetic experiment, you have to rely on nature to provide you with a cell that does not have any lysosome in it in order to discover a non-lysosomal proteolytic system like the ubiquitin system is. And the reticulocyte is such a cell. It does not have any lysosome. Reticulocytes are young red blood cells in the final stages of their maturation. Prior to their maturation they are involved in massive proteolysis of all their machineries, and this proteolysis was discovered earlier in intact reticulocytes by Fisher and Rabinovitz. Later Goldberg and Etlinger described proteolysis in cell extract *in vitro*（in a paper published in PNAS). At that point Avram Hershko my thesis mentor and myself, along with several other members of our laboratory in Haifa, including Hannah Heller and Dvora Ganoth

memo
like
この like は接続語として使用されている.

entered the system and started our long journey to dissect it（**Slide 15**）.

I will not take you through the entire journey but will show you only one important experiment that we did（**Slide 16**）.

Vol. 81, No. 4, 1978 BIOCHEMICAL AND BIOPHYSICAL RESEARCH COMMUNICATIONS

TABLE 1: Resolution of the ATP-Dependent Cell-Free Proteolytic System Into Complementing Activities

Enzyme fraction	Degradation of [^{3}H]globin percent/h	
	-ATP	+ATP
lysate	1.5	10.0
fraction I	0	0
fraction II	1.5	2.7
fraction I and fraction II	1.6	10.6

Enzyme fractions were separated by DEAE-cellulose as described under "Methods" and supplemented at the following amounts (mg of protein/ml reaction volume): lysate, 28; fraction I, 45; and fraction II, 3.5. Where indicated, ATP was added together with phosphocreatine and creatine phosphokinase

Ciechanover et al., 1978

Slide 16 Reconstitution experiment of *in vitro* protein degradation

We took crude reticulocyte extracts along with an artificial substrate, tritiated globin. The globin was degraded in an ATP-dependent mode. So the reticulocyte lysate satisfied all our requirements. It degraded our substrate in a non-lysosomal and ATP-dependent mode, similar to the Goldberg and Etlinger extract. From this point on our ways were separated. We resolved the extract on an anion exchange column into two fractions, 1 and 2. Neither fraction had an activity of its own and we had to add them to one another to reconstitute activity（**Slide 16**）.

This was in my opinion the most important experiment we have ever done. Why ? Because it taught us two critical lessons. One, that unlike the belief of many others and the paradigm in the field that it is sufficient for a single protease to digest a substrate, we are not dealing with the single protease but with two components, maybe an inhibited protease and its activator. As I noted, until that time, the belief was that there is a protease and there is a substrate, and the substrate can be degraded to some extent at least, by a protease. Luckily, we were not protease biochemists, so we were not trapped with that paradigm, but were opened to all kinds of possibilities. If we were protease biochemists. I think we would have lost this

memo
The other related lesson was to reconstitute activity each time we lost it
この部分の意味は，最初にトライした時，2つのコンポーネントしか見つからなかったが，さらに調べていくうちに，10コンポーネントが見つけられた．つまり，最初のトライでは，少なくとも8コンポーネントを失っていたことになる，ということ．

battle in our attempts to purify this elusive protease, but luckily we never dealt with a protease before. This was actually the beginning of a change in paradigm that one needs at least 2 components in order to reconstruct a proteolytic activity. Now we know that in the ubiquitin system there are more than 1,000 components. So, once you are going from 1, the holy number to 2, why not to go to 3 and 4 and 5 and 6. So when I left the laboratory and went to do my post-doctoral fellowship, people in the laboratory characterized almost 10 distinct components in ubiquitin system, all necessary to degrade a substrate. But 10 is still a small number compared to what we know today from human genome database. So this was an important lesson for us. The other related lesson was to reconstitute activity each time we lost it, which brought us to the number of factors I mentioned at the time I graduated. This was a methodological lesson.

Another important experiment that we did in 1980（**Slide 17**). We took fraction 1 and purified from it the active ingredient, a small heat-stable component. We found that it is a small protein of about 8,000 Dalton molecular weight. We did not know that it is ubiquitin and I shall tell you the story of ubiquitin in a short

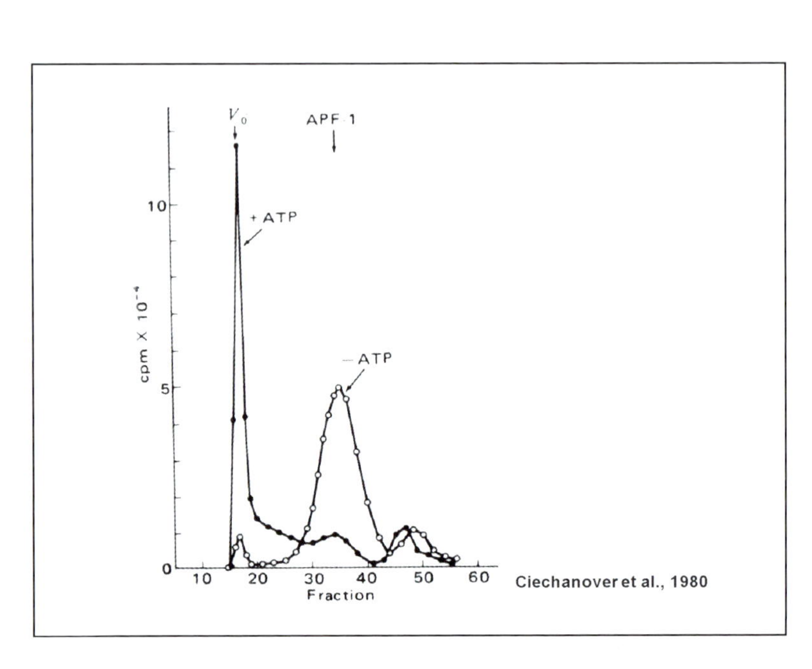

Slide 17 ATP-dependent shift in the molecular mass of proteolysis
The shift was observed when Factor-1 (APF-1 = ubiquitin) was incubated with crude fraction 2 in the presence of ATP.

while. We called it APF-1, or ATP-dependent Proteolysis Factor-1. We then labeled APF-1 with radioactive iodine and incubated it with fraction 2 in the absence or presence of ATP and resolved the mixture on a gel filtration column, a simple G-75 column. We followed the radioactivity. In the absence of ATP the radioactivity eluted mostly at the right molecular weight of about 8,000. But when we added ATP to the system, then all the radioactivity migrated to the void volume, to the high molecular mass region（**Slide 17**）.

At that time we did not know what it meant. Here we were greatly helped by Dr. Irwin Rose, a wonderful enzyme chemist and in his laboratory in Philadelphia in 1979 we found that the migration of APF-1 to the high molecular mass region resulted from covalent conjugation of ubiquitin to target substrates in the crude extract. We later on showed that this is true for exogenous substrates as well and that multiple APF-1s are required to sensitize the substrate for degradation（**Slide 18**）.

Person
Irwin Rose
2004年ノーベル賞の共同受賞者は，Rose，Ciechanover，Hershkoの３氏．当時，Rose博士はペンシルバニア州フィラデルフィア郊外のFox Chase Cancer Centerで研究しており，CiechanoverとHershkoの２人が彼のラボにやってきて，大発見（ユビキチンがターゲットタンパク質に共有結合するということ）を行った．

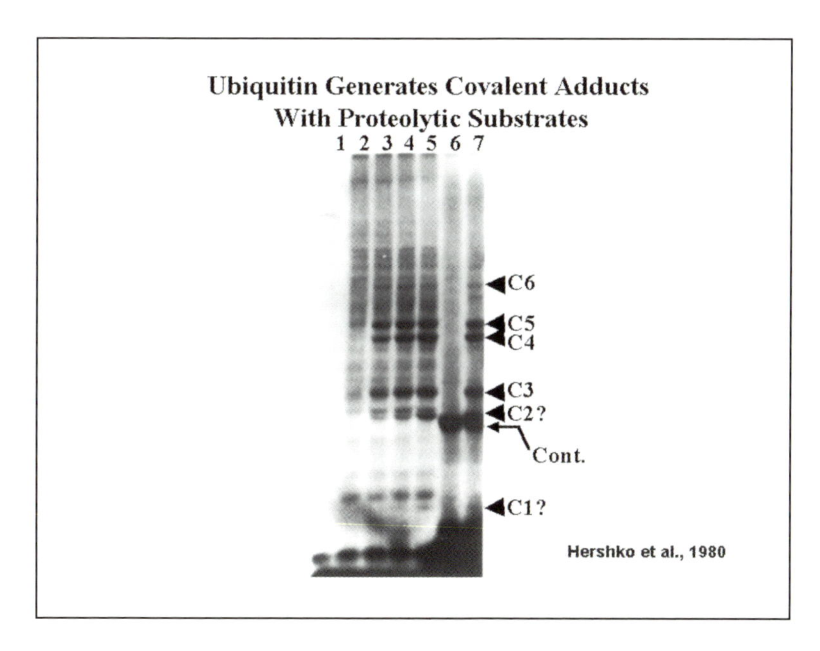

Slide 18 Covalent conjugation of ubiquitin with proteolytic substrates

At that time we were able already to propose a model for protein degradation according to which covalent attachment of multiple moieties of APF-1 marks the protein target for degradation by a downstream protease that recognizes specifically APF-1-taggeds proteins（**Slide 19**; also see **Slide 23**）. Interestingly, we also demonstrated that ubiquitination is reversible, thus predicting the existence of ubiquitin hydrolyzing/recycling enzymes, known now as isopeptidases. Later on, Keith Wilkinson and Arthur Haas in the laboratory of Rose showed that APF-1 is ubiquitin, a protein that was known to covalently modify histones, which helped us to decipher the structure of the conjugate and then to identify the mechanism and enzymes of conjugation. The proteasome, the downstream protease that degrades specifically ubiquitin-conjugates and not untagged proteins, was discovered later, in steps, initially by Wilk and Orlowski, and then by Rechsteiner and Goldberg. At that time nobody worked in the ubiquitin proteolytic field. Luckily, we were alone, for several years, which enabled us to discover the conjugating enzymes and to lay down the principles and mode of action of the system and to show it is active not only in reticulocytes, but also in nucleated cells. So I would say that all the principles of this model (**Slide 19**) have been proven to be correct to this very date.

memo
Wilk and Orlowski
ニューヨークのMount Sinai School of Medicine（マウント・サイナイ医科大学）．20S proteasomeの単離に成功（1980）．

Person
Rechsteiner, Goldberg
ユタ大学のM. RechesteinerとハーバードA大学のA. Goldberg（1986）は，それぞれプロテアソームの成分および26S プロテアソームの研究者．

□★
□★★
□★★★

And now let's go to the ubiquitin proteolytic system (**Slide 20**). As you all know that there is a single E1 that activates ubiquitin, transfers it to several E2s that transfer it to the substrate either directly or via the E3. In all events the substrate is bound

Proc. Natl. Acad. Sci. USA 77 (1980) Hershko et al., 1980

1786 Biochemistry: Hershko *et al.*

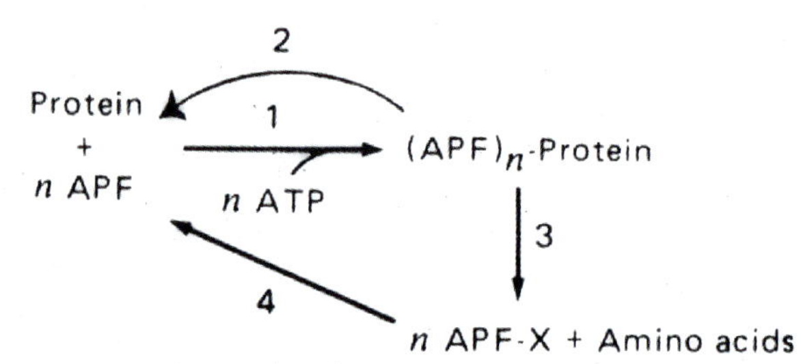

FIG. 6. Proposed sequence of events in ATP-dependent protein breakdown. See the text. 1, APF-1-protein amide synthetase (acting on lysine ϵ-NH_2 groups). 2, Amidase that allows correction when n = 1 or 2. 3, Peptidases that act strongly on $(APF\text{-}1)_n$ derivatives, when $n > 1$ or 2. 4, Amidase for APF-1-X; X is lysine or a small peptide.

Slide 19 Proposed model for degradation of cellular proteins specifically to an E3 which is the core, most important element in the system that endows it with its high specificity. This occurs several times and one molecule of ubiquitin is attached to another to generate the polyubiquitin chain that is recognized by the 26S proteasome and binds to it. The substrate unfolds (**Slide 21**), inserted to the

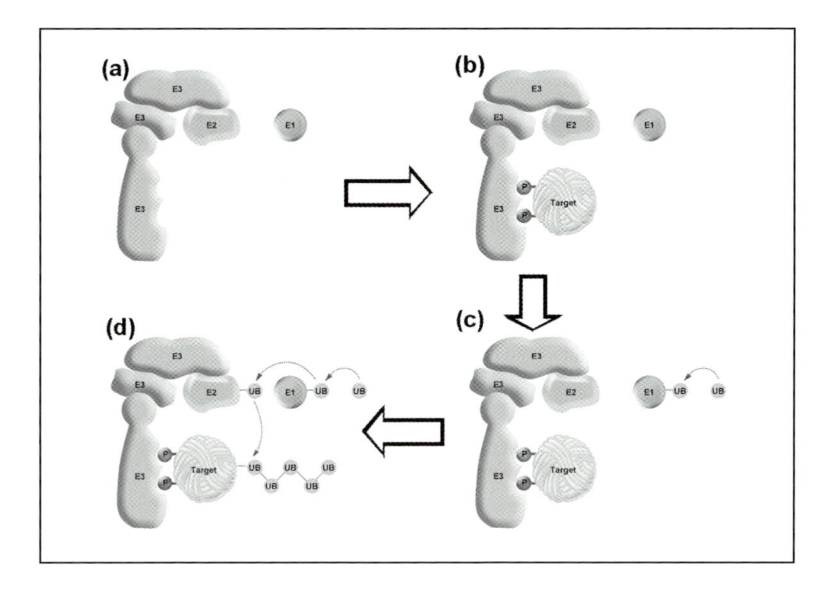

Slide 20 Poly-ubiquitination processes

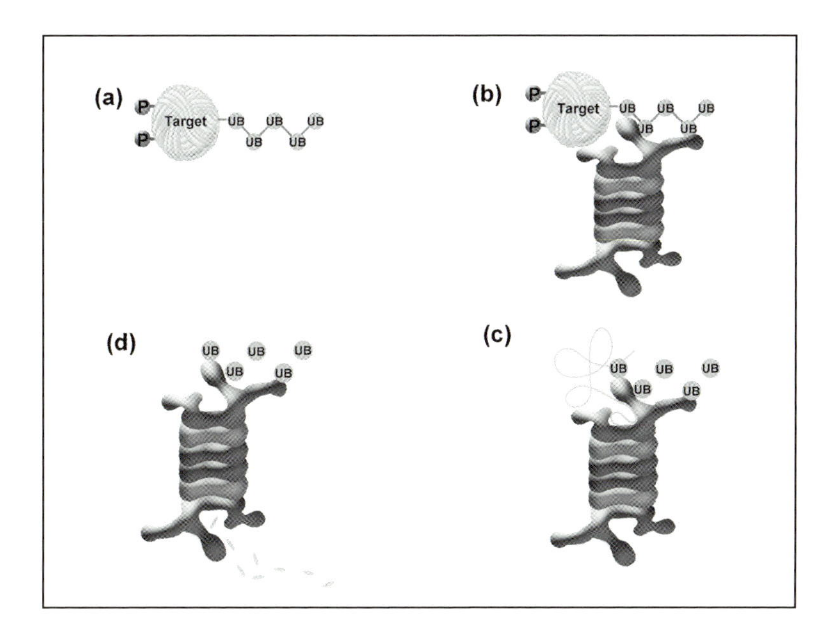

Slide 21 Degradation of ubiquitinated proteins by proteasome

proteasome and degraded and peptides are released (see **Slides 20 & 21**). Ubiquitin recycles back to the system. I will not describe any further the details of the ubiquitin system and add just a few words on ubiquitin.

We didn't give it the name ubiquitin. We called it APF-1, ATP-dependent Proteolytic Factor-1. Ubiquitin was discovered by Gideon Goldstein in the Memorial Sloane-Kettering Cancer Center in New York. Goldstein was not interested in protein degradation. He searched for thymopoietins, hormones that originate in the thymus and regulate the immune response and described a short polypeptide with immunopoietic characteristics that was universally present in all cells, prokaryotes and eukaryotes as well. He called it UBIP (Ubiquitous Immunopoietic Polypeptide) and changed late the name to ubiquitin. The paper was published in 1975 in PNAS (**Slide 22**). He showed that, when injected to mice, it displays lymphocyte differentiating properties. The name obviously originates from the universality of the protein and distribution in both bacteria and high organisms.

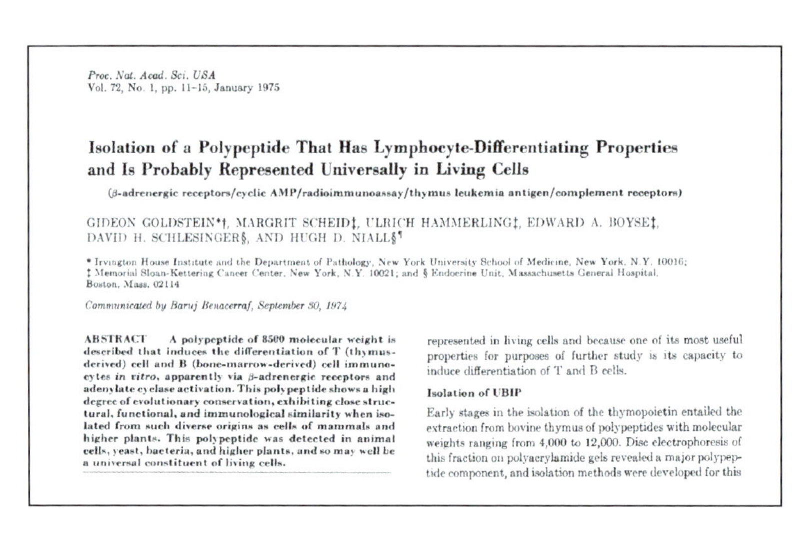
Proc. Nat. Acad. Sci. USA
Vol. 72, No. 1, pp. 11–15, January 1975

Isolation of a Polypeptide That Has Lymphocyte-Differentiating Properties and Is Probably Represented Universally in Living Cells

(β-adrenergic receptors/cyclic AMP/radioimmunoassay/thymus leukemia antigen/complement receptors)

GIDEON GOLDSTEIN*†, MARGRIT SCHEID‡, ULRICH HAMMERLING‡, EDWARD A. BOYSE‡, DAVID H. SCHLESINGER§, AND HUGH D. NIALL§¶

* Irvington House Institute and the Department of Pathology, New York University School of Medicine, New York, N.Y. 10016; ‡ Memorial Sloan-Kettering Cancer Center, New York, N.Y. 10021; and § Endocrine Unit, Massachusetts General Hospital, Boston, Mass. 02114

Communicated by Baruj Benacerraf, September 30, 1974

ABSTRACT A polypeptide of 8500 molecular weight is described that induces the differentiation of T (thymus-derived) cell and B (bone-marrow-derived) cell immunocytes *in vitro*, apparently via β-adrenergic receptors and adenylate cyclase activation. This polypeptide shows a high degree of evolutionary conservation, exhibiting close structural, functional, and immunological similarity when isolated from such diverse origins as cells of mammals and higher plants. This polypeptide was detected in animal cells, yeast, bacteria, and higher plants, and so may well be a universal constituent of living cells.

represented in living cells and because one of its most useful properties for purposes of further study is its capacity to induce differentiation of T and B cells.

Isolation of UBIP

Early stages in the isolation of the thymopoietin entailed the extraction from bovine thymus of polypeptides with molecular weights ranging from 4,000 to 12,000. Disc electrophoresis of this fraction on polyacrylamide gels revealed a major polypeptide component, and isolation methods were developed for this

Slide 22 Isolation of ubiqutin

As it turns out, another Goldstein, Allan Goldstein, showed that the immunopoietic activity was due to a contaminating endotoxin in the ubiquitin preparation and not to ubiquitin itself. The "bacterial" ubiquitin was due, as we (and others, I believe) showed (though we never published our findings) to the fact Gideon

Goldstein grew his bacteria in yeast extract that contains ubiquitin and he identified via antibodies ("Western blot") the contaminating yeast ubiquitin in the bacterial preparation if he did not wash them thoroughly. We were also able to demonstrate such "ubiquitin" in bacteria, but could not repeat our own results in a systematic manner and suspected they maybe an artifact. Indeed, once we started to grow our bacteria in a synthetic medium that did not contain yeast extract, the "bacterial ubiquitin" disappeared. So as you can see, while the term ubiquitin is not justified, it is still with us because of historical reasons.

Ann. Rev. Biochem. 1982. 51:335–64
Copyright © 1982 by Annual Reviews Inc. All rights reserved

MECHANISMS OF INTRACELLULAR PROTEIN BREAKDOWN

Avram Hershko and Aaron Ciechanover

Unit of Biochemistry, Faculty of Medicine, Technion-Israel Institute of Technology, Haifa, Israel

Figure 1 Proposed sequence of events in ATP-dependent protein breakdown. See the text for details. 1. Activation of the carboxyl terminal glycine of ubiquitin and its intermediary binding to the activating enzyme (E_1). 2. Conjugation of several molecules of activated ubiquitin to ϵ-NH_2 lysine groups of the substrate protein. 3. Breakdown of the conjugates by an endoprotease acting on the protein substrate moiety. 4. Release of short peptides and free ubiquitin by a specific amidase that cleaves the isopeptide linkage.

Slide 23 Review by Hershko and Ciechanover in 1982

Following my graduation, with Avram Hershko, a wonderful mentor with whom I discovered the ubiquitin system (see **Slide 23**) [as you all know, we spent critical periods in the laboratory of Dr. Irwin (Ernie) Rose in Philadelphia, who helped us carve the way into the secrets of protein chemistry and played a major role in the discovery], I

Person
Harvey Lodish
膜生物学者．MITのWhitehead Institute で研究．「Molecular Cell Biology」（大学生用テキスト）の著者．

Person
Yamada and Yasuda
Matsumoto, Y., Yasuda, H., Mita, S., Marunouchi, T., and Yamada, M.（Nature 184, 181-183, 1980）の論文のグループと思われる．

went to MIT to become a post-doctoral fellow with Harvey Lodish. In his laboratory I started to work on receptor-mediated endocytosis, but in parallel continued my own work on the ubiquitin system on several subjects. Among those was a fruitful collaboration with Dr. Alexander Varshavsky and his then graduate student Daniel Finley. Alex was interested in ubiquitin modification of histones which was clearly not involved in their degradation, as only a single moiety of ubiquitin modified the histone molecule. He noted a publication in the literature by a Japanese group of Yamada and Yasuda and they descried a mutant cell, a very interesting S/G2 temperature sensitive mutant cell（**Slide 24**）. The cells lose

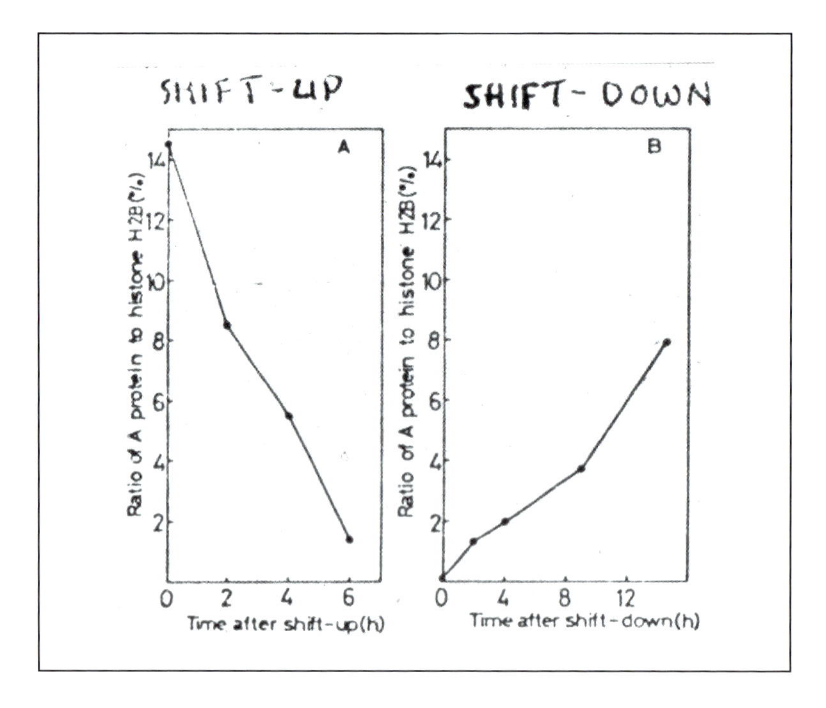

Slide 24 Temperature-sensitive mutant cell for ubiquitination: loss of ubiquitinated histone at the non-permissive temperature

at the high temperature, when shifted up, the ubiquitin-histone conjugate. When they are shifted down, the ubiquitin-histone conjugate returns.

The question was why the cells are losing the ubiquitinated histone at the non-permissive temperature. There could be two answers. Either that the deubiquitination machinery is activated or the ubiquitination machinery is defective. Activation of deubiquitination was a bit unlikely because we did not suspect a gain of function. It was more likely to believe that there was a loss of function. So we decided to study the possibility of loss of function, or inactivation of the ubiquitination machinery. We knew from our previous work in Israel on the general scheme of ubiquitination that required E1, E2, and E3 and we very easily found the defect, that was a thermolabile E1 (**Slide 25**).

memo
thermolabile
熱不安定性

Cell, Vol. 37, 57-66, May 1984, Copyright © 1984 by MIT

Ubiquitin Dependence of Selective Protein Degradation Demonstrated in the Mammalian Cell Cycle Mutant ts85

Aaron Ciechanover, Daniel Finley, and Alexander Varshavsky
Department of Biology
Massachusetts Institute of Technology
Cambridge, Massachusetts 02139

Ciechanover et al., 1984

Slide 25 Thermolabile defect in ubiquitination machinery (Title of cell paper)

As a result, the cells fail to degrade short-lived normal proteins at the non-permissive temperature, showing that the same E1 is involved in ubiquitination of histone and the proteins that are destined for destruction. Thus, shifting the cells up to the non-permissive temperature leads, following inactivation of E1, to both inactivation of conjugation (**Slide 26**) and degradation of short lived normal proteins (**Slide 27**) in the mutant but not in the parent wild type cells.

non-permissive temperature
非許容温度．遺伝子表現型の温度感受性変異株では，非許容温度は通常，高温であり，表現型が消失する．許容温度はpermissive temperature．このスピーチでは39.5 ℃がnon-permissive temperatureで，30.5 ℃がpermissive temperature．

This study was an important and direct corroboration of the ubiquitin tagging theory for protein degradation. Though, via utilization of antibodies directed against ubiquitin conjugates, we obtained earlier a proof from our studies in Israel that the system is involved in targeting short-lived abnormal proteins in nucleated cells, this was nevertheless a more direct and strong one.

Now to how the ubiquitin system looks like today. The system has developed in a major way, well beyond its first discovered function - proteolysis of cellular proteins. Initially we thought the ubiquitin system is not involved in lysosomal degradation, but now it does not seem true, and the ubiquitin system is also involved in degradation of proteins in the lysosome both directly and indirectly. Mono- or

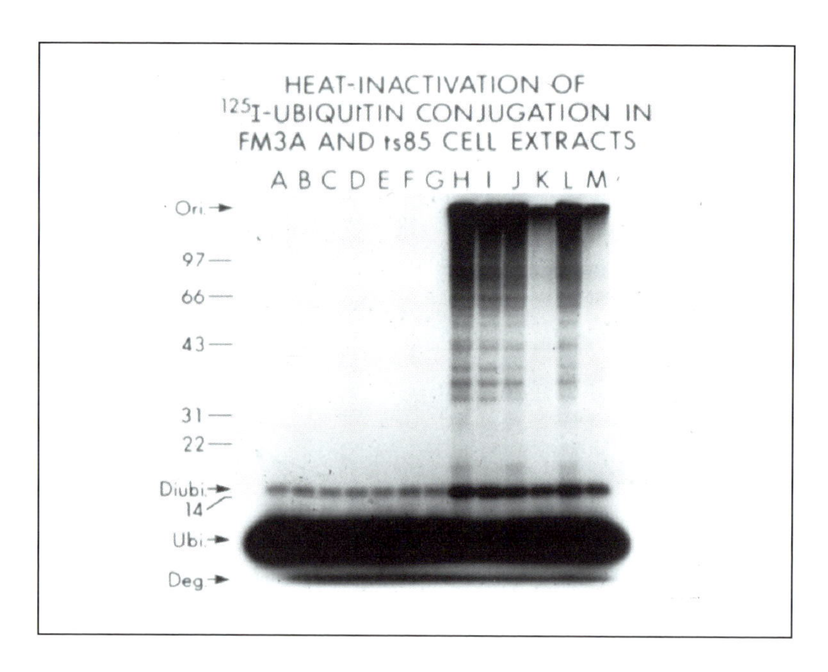

Slide 26 Heat-inactivation of ubiquitin-conjugation in the ts85 mutant cell

A～G：-ATP　H～I：+ATP
H,I：WT and mutant, respectively, at low temperature;
J,K：WT and mutant, respectively, at high temperature.
L,M：same as J,K

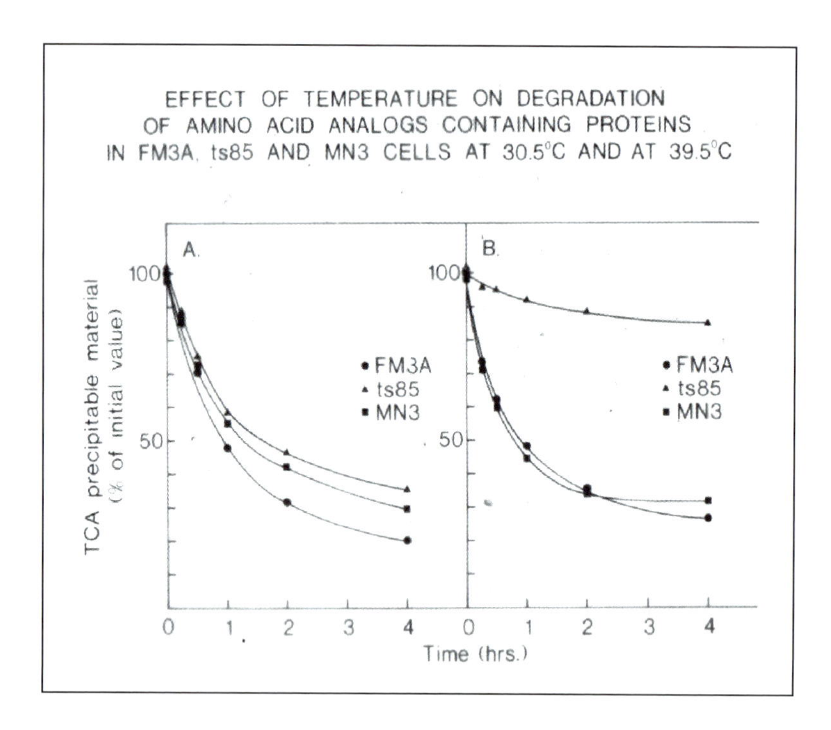

Slide 27 Temperature-dependent protein degradation

A：at 30.5℃　B：at 39.5℃

oligoubiquitination is required for targeting of cargo proteins, such as the growth hormone receptor to the lysosome. It is also required for generation of the intermediate vesicles, the multiple vesicular bodies（MVBs）. From the wonderful work of Dr. Ohsumi here in Japan we learnt on a completely new system of ubiquitin-like proteins and their activating enzymes that is involved in autophagy in yeast（the ATG family of proteins）, and from other studies, in mammalian systems as well. So the assumption that lysosome and the ubiquitin system do not talk to one other turned out obviously to be wrong and the two systems are actually interacting with one another. Other ubiquitin-like proteins like SUMO（Small Ubiquitin Modifier）are involved in many other cellular functions such as targeting of proteins to their cellular destination, and in the case presented in the slide, to the nuclear pore complex, NPC（**Slide 28**）.

Person
Dr. Ohsumi
大隅良典博士：岡崎国立共同研究機構基礎生物学研究所．

memo
learnt
learnの過去形．米語ではlearnedが使用されてるが，イギリスでは両者は混用されている．

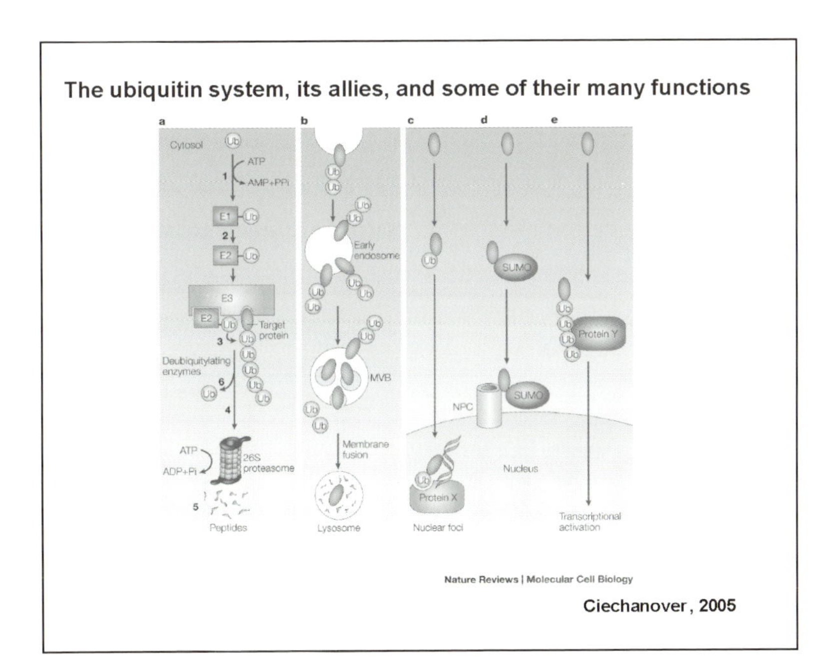

Slide 28 Ubiquitin and ubiquitin-like systems and their functions

Recently, ubiquitin was found also to activate transcriptional regulators. This occurs also via poly-ubiquitination, but on a different lysine residue of ubiquitin, lysine 63. So while recognition by the proteasome and degradation are mediated via lysine 48 of ubiquitin, activation of transcriptional factors is mediated via a different residue. So the ubiquitin molecule itself can provide a flexible and broad platform for carrying out different functions via targeting of different lysines. We know already that lysine 6 is also ubiquitinated in the case of the BRCA1 ligase, and lysine 29 in the case of a different ligase. So ubiquitination has become an important and broad post-translational modification with several modalities, mono-, oligo- and polyubiquitination, various targeted lysines and modification by ubiquitin-like proteins. That serves multiple different cellular purposes.

memo

ligase
ubiquitin ligaseを指す．ユビキチンとそのターゲットタンパク質を共有結合させる酵素．

modalities
modality（様式）の複数

If you think that the ubiquitin system contains more than 1,000 distinct components, then along with all its tributaries（the ubiquitin-like proteins and ubiquitin ligases and different components of the proteasome and different modes of modification), it is by far the largest known system we know in the cell. Nobody imagined 30 years ago that the process that many regarded as a scavenger, as an end process where proteins are thrown to the "garbage", will become such a centrally important platform on which basically almost every cellular process rides in the cell.

If you add to it the involvement of the system in pathogenesis of diseases（**Slides 29 & 30**）and the development of drugs（Slides not included in text), one is already in the market, then this recent development is truly fascinating. And I go back to my comment at the beginning that this Institute may become now the Japanese Institute of Proteolysis.

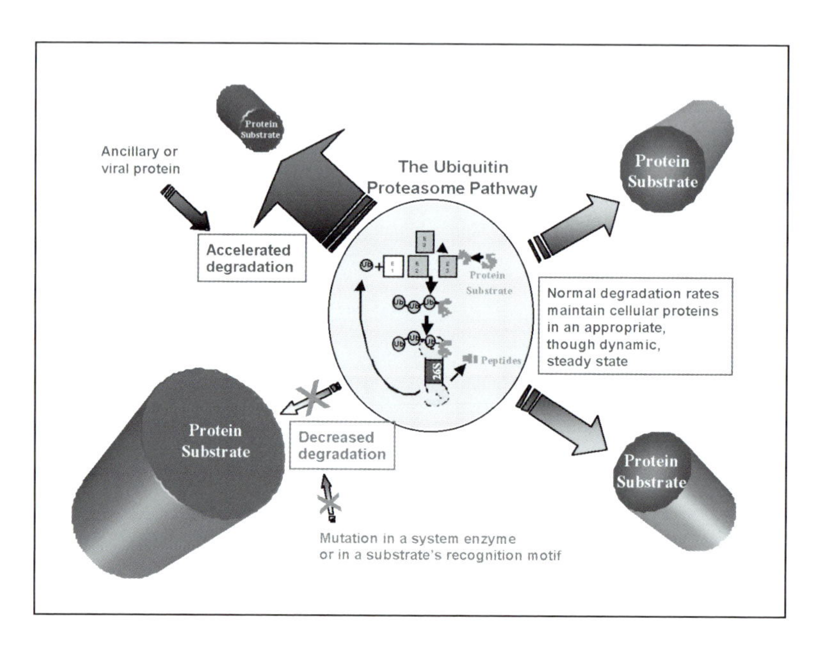

Slide 29 Deregulation of protein degradation in diseases

It is NOT that I think that Keiji is building an empire for himself but a reflection of the conversion of the filed into a centrally important area in biomedicine.

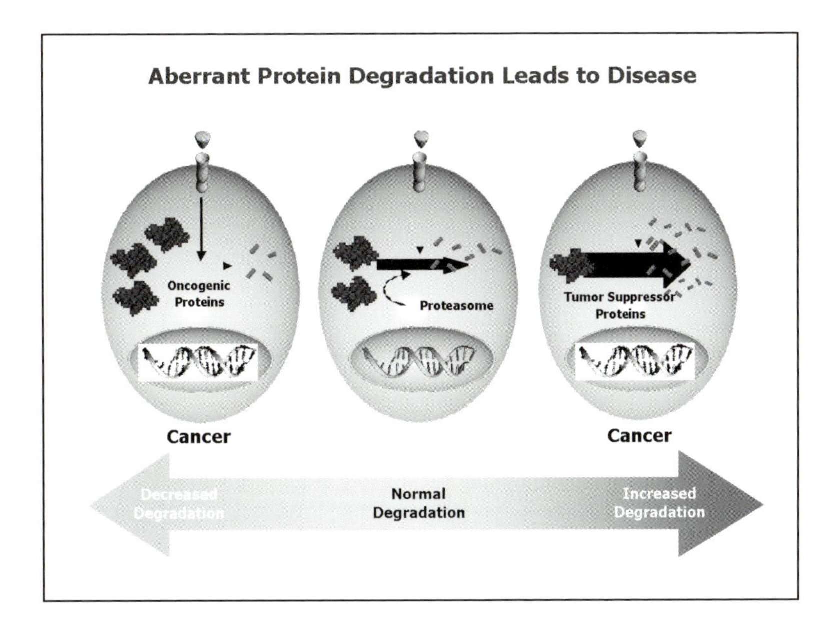

Slide 30 Many diseases, such as cancer, could result from dysregulated protein degradation

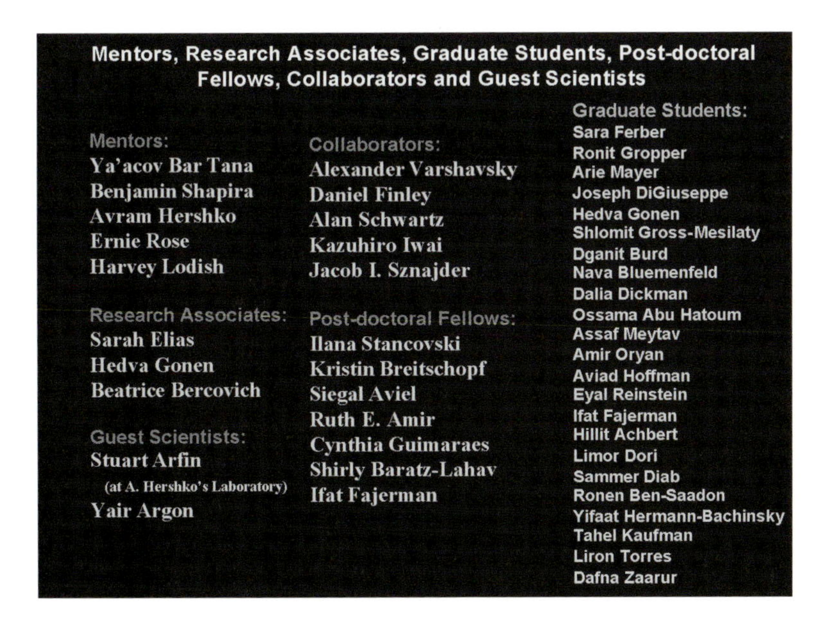

Slide 31 Mentors, research associates, graduate students, post-doctoral fellows, collaborators and guest scientists

ありがとうございます
Thank you
רבהתודה

Slide 32 Thanks

memo
[Mentors, Research Associates, Graduate Students, Post-doctoral Fellows, Collaborators and Guest Scientists]
チカノバー博士のレクチャーの最後で述べられているAcknowledgmentsは本書（音声）には収録されていないが，この部分は博士によって加筆された関係者へ謝辞である．

[Mentors, Research Associates, Graduate Students, Post-doctoral Fellows, Collaborators and Guest Scientists]:

One cannot walk such a long distance without help and I am not exceptional. I owe a huge debt, first and foremost to my excellent mentor, Avram Hershko, with whom, as a graduate student, I discovered the ubiquitin system and from whom I learnt a lot. I thanks also Ernie Rose in whose laboratory I spent critical periods along my graduate studies and who taught me that disordered and erratic thinking yields at times great results. Among my mentors I owe thanks also to Jav ocb Bar Tana and Benjamin Sa hapia, my undergraduate teachers who first showed me the way to fall in love with Biochemistry and to Harvey Lodish, my MIT post-doctoral fellowship mentor who gave me complete freedom to choose my way in science, but made sure with his wonderful guidance that I will not derail. I owe special thanks to my laboratory Research Associates, initially Sarah, and then Hedva and Beatrice, who became my eyes and hands once I established my own laboratory, to my wonderful graduate students and fellows who carried out all the work, and to my collaborators - in particular Alan Schwartz, and Kazuhiro Iwai（in whose laboratory in Osaka I spend now a wonderful 3rd sabbatical）for all their help and friendship along the way.

[A question raised from one of the attendants about publication of papers in highly profiled Journals]
レクチャー後の質疑の時間に，会場からCellやNatureなど，一般に高く評価されているジャーナルについての問題点をどのように考えるか，という質問が出ました．これに対する博士の考えがこの部分で述べられています．

[A question raised from one of the attendants about publication of papers in highly profiled Journals]:

[Dr. Ciechanover answered]:

□★
□★★
□★★★

This is a very interesting and important question that has many aspects. Morally, I think that most of the research funds in the world are coming from the public, therefore the public has the right to see them for free. If journals become a money making business, they do not allow the public to get back what it paid for. This institute is funded by the public of Japan. And the research universities in the United States are funded by NSF and NIH and the different states, or by charity organizations and their funds come too from the tax payer. And the same is in Israel and in Europe. And the public for the money that it invests has the right to see the results. It is pathetic that even universities have to invest a huge amount of money to subscribe for journals so they can read what was published in their own place and by their peers.

Another aspect of this problem has to do with promotion. Promotion committees tend to count papers in high profile journals. They look into how many Cell and Nature papers the candidate has, and if he has none, he is in a bad shape. JBC publications will not make it anymore these days. But this is wrong in my opinion, and I hope we are gradually moving out of this system and into a new era. First, we do not read Journals anymore, but rather databases, key words. Beforehand, during the "manual" period, we were selective in our reading, and the number of Journals we browsed thru was limited. Now we do not browse thru Journals anymore, we read key words, so where we publish becomes less important. There maybe other parameters which are more important, like what we publish and how important it is, how many other scientists cite the work, how many pick it up and continue and broaden it or whether it remains an untouched stone in the field.

And the new era we are entering is the era of PLoS（Public Library of Science）Biology Journal and its alikes. I am very strong advocate of this new philosophy, where the data belong to the public that has a free access to it. The author pays one time fee in order to allow maintenance of the computer system and the employees, and the information then becomes free to all, and forever. The idea was pioneered by the Nobel Prize laureate Harold Varmus and others, and it is a wonderful idea, a revolutionary one. The papers still undergo a strict review, so at the end the Impact Factor may play a role here too, but at least the system rids us of the necessity to pay in diamonds for our own property. The new system will also enforce a change in promotion criteria, making them, I hope, more serious.

memo

NSF and NIH：
NSF は National Science Foundation．日本の文部科学省に相当するが，"人" に関する事柄は NIH が担当する．NIH：National Institutes of Health（国立衛生研究所）

Cell and Nature
芸術論文を発表するための専門雑誌

JBC
Journal of Biological Chemistry の略

thru
through の略

PLoS（Public Library of Science）
NIH の Entrez Pub Med のようなもので，要約だけでなく論文全部を見ることのできるシステム

the public
この背後には，the public domain という概念があります．すべての物は，各個々人あるいは組織に帰属すると考えがちですが，ある種のものは，人類共通の財産領域に属するという考え方があります．例えば，ヒトの DNA 塩基配列がこれに相当します．

Person

Harold Varmus
1989 年，J. M. Bishop と共に，原癌遺伝子 c-*src* の発現によりノーベル賞を受賞．NIH の長官時代，ここで述べられているようなアイデアを提出．

Impact Factor
現在用いられている典型的なものは，それぞれの雑誌の引用回数から，雑誌にランク（点数）をつけ，その雑誌に発表された個々の論文の重要度をその Impact Factor（点数）で評価するというもの．

欧 文

A

B

C

D

E

F

G

H

I, J

K, L

M

N

O

P

Q, R

S

T

U, V

た

な

は

ま

や

ら

● 監修者プロフィール

山本　雅（Tadashi Yamamoto）

1972年大阪大学理学部卒業．米国国立癌研究所（NCI）研究員，東京大学医科学研究所助教授を経て'91年より同研究所教授．2003年より同研究所所長．'12年より沖縄科学技術大学院大学教授．'15年より理化学研究所統合生命医科学研究センターセンター長．この間，レトロウイルスLTRの転写能の解析やsrcファミリーならびにerbBファミリー癌遺伝子の構造と機能の解析を進めてきた．現在は細胞増殖抑制性Tobファミリータンパク質や，それと相互作用するmRNA分解系酵素複合体に焦点を当て，外来シグナルがmRNA分解を誘導する基本的な機構について研究している．

● 著者プロフィール

田中顕生（Akio Tanaka）

近畿大学生物理工学部遺伝子工学科助教授．

1977年大阪大学大学院（理学博士）修了後，USAそしてカナダにて研究．University of Pennsylvania（Pennsylvania, USA），Cancer Research Laboratory（University of Western Ontario）（Ontario, Canada），Center for Molecular Medicine and Immunology（New Jersey, USA）等にて研究員．1994年に帰国し，北海道研究所〔(株）サンギ〕，国立・精神神経センター神経研究所にて研究員．2001年より近畿大学助教授．研究分野は原癌遺伝子ヒト*c-SRC*産物のシグナル伝達．2010年4月23日（金）朝，膵臓がんのため永眠．

● 著者・ナレータープロフィール

Robert F. Whittier

順天堂大学医学部医学教育研究室特任教授．

1953年米国生．'76年スタンフォード大学卒業．'83年アルバート・アインシュタイン医科大学でバクテリアDNA修復研究により博士号取得．'87年三井植物バイオ研究所に入り，当初，名古屋大学遺伝子実験施設の杉浦昌弘教授の下で日本での研究を始める．その後，つくばの同研究所に移り，モデル植物Arabidopsisで先駆的gene tagging技術開発のグループを指導した．このグループはTAIL-PCRの開発に成功したことで知られている．東京大学医科学研究所を経て，現在は順天堂大学医学部にて英語論文やプレゼンテーションを大学院生に指導．

● ナレータープロフィール

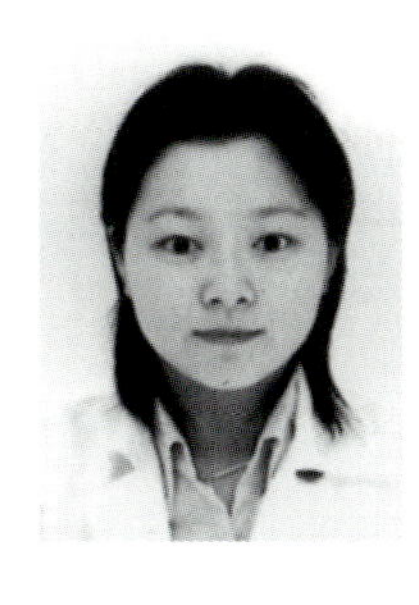

Amy Lai

清水国際特許事務所勤務．

2000年にCanadaのBritish Columbia UniversityにてBiochemistry and Molecular Biology　Hons.の学位を得て，その後来日．東京大学理学部生物化学専攻修士課程修了．東京大学医科学研究所の癌細胞シグナル研究分野（山本 雅教授）でTob研究の一環としてNdr2の解析に携わった．修士課程修了後は，清水国際特許事務所に勤務．ネイティブの英語力と研究経験から得た専門知識を，現在の仕事に役立てている．2012年にBritish Columbia University医学部卒業，博士（実験医学）学位取得．

※本ページのプロフィールは，2016年7月時点の情報です．
本文中の講演者のプロフィール等は第1版発行時（2005年10月）の情報に基づいております．

※本書は，第1版の付録CD-ROMを音声ダウンロード式に変更し，新装版としたものです．

音声DL版　国際学会のための科学英語絶対リスニング

ライブ英語と基本フレーズで英語耳をつくる！

2005年10月20日　第1版　第1刷発行
2013年　5月20日　第1版　第9刷発行
2016年　8月10日　新装版　第1刷発行

監　修　山本　雅
著　田中顕生，Robert F. Whittier

発行人　一戸裕子
発行所　株式会社　羊　土　社
〒101-0052
東京都千代田区神田小川町2-5-1
TEL　03（5282）1211
FAX　03（5282）1212
E-mail　eigyo@yodosha.co.jp
URL　www.yodosha.co.jp/
印刷所　株式会社 平河工業社

ISBN978-4-7581-0848-5